JN258868

森・濱田松本法律事務所［編］

弁護士 上村哲史・山内洋嗣・上田雅大［著］

Internet Litigation

インターネット訴訟

中央経済社

はしがき

本書は，我々の社会に生ずるさまざまな紛争のなかでも，専らインターネット・情報化社会における情報やコンテンツに関する権利侵害等の紛争に着目したものである。これらの紛争においては，下記①から⑥のインターネットの特徴およびそれから導かれる視座について理解しておくことが重要であると我々は考えており，各論に入る前に簡潔に紹介したい。

①　利用者が匿名であること
②　情報の複製が容易であり，国境を越えて伝播しやすいこと
③　被害が半永久に継続し，被害回復が困難であること
④　技術が先進的で専門性が高いこと
⑤　情報に対するアクセスが容易であること
⑥　現代社会において不可欠のインフラであること

①　利用者が匿名であること

電子掲示板，ブログ，SNS，動画投稿サイト等のインターネット関連サービスの発達により，誰もが容易に情報発信できる社会となった。その反面，それらの情報発信の多くは匿名で行うことが可能であるため，それを隠れ蓑として，他人を誹謗中傷したり，他人になりすましたり，他人の情報コンテンツを無断で利用したりするなどして他人の権利を侵害することも容易になった。

しかし，匿名の情報発信である場合，新聞や週刊誌とは異なり，情報を発信した者を特定し，権利侵害に対する責任追及を行うことが困難である。その困難を解消するための手段として，情報発信のプラットフォームを提供する事業者に対する削除請求，発信者情報開示請求があり，さらに近時ではこれらの事業者に直接損害賠償を請求する事例も目立ってきている。

②　情報の複製が容易であり，国境を越えて伝播しやすいこと

コンピュータ・スマートフォン・携帯電話等の普及，インターネット技術の発展，通信速度の向上，インターネット利用者の増大，SNS等の情報発信のプ

ラットフォームの充実により，従来に比べて，誰でもコピー&ペーストによって情報の複製が極めて低コスト・短時間で行えるようになっただけでなく，インターネットを通じて一度発信された情報は，瞬く間に世界中に拡散するため，情報の伝播可能性が飛躍的に増大した。

インターネットを通じた情報のやりとりには国境がないため，複数の国をまたいだ紛争に発展する可能性が増大し，その結果，国際裁判管轄や準拠法が問題となるケースも増えてきている。

③　被害が半永久に継続し，被害回復が困難であること

上述のような情報が容易に複製され，伝播してしまうことの帰結として，一度インターネットで発信し拡散された情報を世の中から完全に除去することは極めて困難である。その弊害として，発信された情報が他人の権利を侵害している場合，その被害が半永久的に継続し，被害の完全な回復が困難になりやすい。そのため，早期の段階で，インターネット関連サービス提供事業者に対し削除請求を求める需要が生まれ，また，情報漏えいが発生した企業に対し損害賠償を求めて大規模な集団訴訟が提訴される事例も目立っている。

④　技術が先進的で専門性が高いこと

インターネットを含むインフォメーション・テクノロジー（IT）分野における技術革新は日進月歩であり，法整備が追い付かず，救済手段も不十分になりがちである。そこで，訴訟においても，既存の法的枠組みによりどのような解決を図ることができるかを検討する必要が生じ，弁護士にも高度な専門性が要求されることが増加している。また，先進的・専門的な問題が争点となる訴訟においては，訴訟において裁判所の見解が紆余曲折する事例もみられるところ，専門家ではない裁判官に対し効果的に主張するためにはどのような手段が有効かという視点が，実務上重要となってくる。

⑤　情報に対するアクセスが容易であること

インターネットは全世界に，広く一般に公開されているものであり，環境さえ整えば容易にアクセスできる状況にある。その副作用として，インターネット環境に情報を置くことのリスクが飛躍的に高まっており，企業は，インターネットを通じた情報の漏えい，データブリーチ，サイバー犯罪等のリスクと対峙しなければならなくなった。

不十分な情報セキュリティ対策しか講じていなかった企業は，被害者から提訴された場合に莫大な損害賠償責任を負う可能性があるだけでなく，それによって企業が築き上げてきた信用やレピュテーションが失墜する可能性もある。また，企業価値が損なわれたとして，株主から役員がその責任を問われる可能性もある。そのため，インターネット・情報化社会においては情報セキュリティ対策が重要となっている。

⑥　現代社会において不可欠のインフラであること

現代の企業においては，程度の差はあれ，中小零細企業からグローバル企業に至るまで，生産管理，マーケティング，人事情報の管理などあらゆる場面で，クラウドサービス等のインターネットを用いたインフォメーション・テクノロジーが経営に用いられている。さまざまなリスクは存在するものの，インターネットを用いたインフォメーション・テクノロジーの利用は企業にとって避けては通れない課題であり，それに関する平時・有事のクライシスマネジメントが必須となっている。

以上の特徴から導かれる視座を持ちながら，本書では，インターネット・情報関連の紛争に関するテーマの中から，①インターネット関連サービスの提供事業者に対する権利侵害訴訟（第１章），②インターネット上の権利侵害に対する削除・発信者情報開示請求訴訟（第２章），③情報セキュリティ（情報漏えい）に関する裁判や危機対応（第３章），④インターネットによる国境をまたぐ取引・権利侵害に関する国際裁判管轄および準拠法（第４章）という４つのテーマを取り上げて解説することとする。

平成29年１月

弁護士　上村　哲史
弁護士　山内　洋嗣
弁護士　上田　雅大

目　次

第1章　インターネット関連サービスの提供事業者に対する権利侵害訴訟

第2章　インターネット上の権利侵害に対する削除・発信者情報開示請求訴訟

第3章　情報セキュリティ関連紛争

第4章　インターネットによる国境をまたぐ取引・権利侵害の管轄・準拠法

凡　例

■法　令

金商法：金融商品取引法
通則法：法の適用に関する通則法
不競法：不正競争防止法
プロバイダ責任制限法：特定電気通信役務提供者の損害賠償責任の制限及び発信者
　情報の開示に関する法律
民訴法：民事訴訟法

■判例集・雑誌

民集：最高裁判所民事判例集
集民：最高裁判所裁判集民事
判時：判例時報
判タ：判例タイムズ

第 1 章

インターネット関連サービスの提供事業者に対する権利侵害訴訟

本章では，インターネット関連サービスのユーザーが他人の権利を侵害した場合において，当該サービスを提供していたサービス提供事業者が当該権利侵害の被害者から法的責任を問われるケースについて，代表的な裁判例をいくつか紹介しながら，そのポイントを解説するとともに，２つの著名な著作権侵害事件（まねきTV事件，ロクラクⅡ事件）を例としてサービス提供事業者に対する権利侵害訴訟の難しさを紹介したうえ，サービス提供事業者が法的責任を問われるリスクを低減させるための具体的な方策について解説する。

第１節

はじめに

インターネットや通信技術の発展とともに，２ちゃんねる等の電子掲示板サービス，Ameba等のブログサービス，TwitterやFacebook等のSNS，YouTubeやニコニコ動画等の動画投稿サイト，楽天市場等の電子モール，Yahoo!オークション等のオークションサイト，食べログ等の口コミサイト，iCloudやGoogle Drive等のストレージサービスに代表されるクラウドサービスなど，インターネットを利用して，不特定多数のユーザーに対し，情報のやりとりの「場」あるいはデータの保管や転送のための「ツール」を提供するさまざまなサービスが登場している。

これらのインターネット関連サービスを利用するユーザーが他人の権利を侵害した場合には，当該ユーザーがその責任を負い，単に「場」や「ツール」を提供していたにすぎないサービス提供事業者は，その責任を負わないのが原則である。

しかし，実務上は，権利侵害の被害者が侵害行為者であるユーザーではなく，当該権利侵害の「場」や「ツール」を提供したサービス提供事業者に対して直接法的責任を追及する訴訟を提起するケースがしばしば見られる。

これは，インターネット上の権利侵害の場合，①侵害行為者の連絡先が不明であり，侵害行為者を直接訴えることが困難である（侵害行為者の連絡先を探す手段としての発信者情報開示請求については，**第２章**の解説を参照されたい），②多数の侵害が反復継続的になされ，侵害行為者に対して個別に侵害の除去を求めてもイタチごっことなる，③侵害行為者に侵害の除去を求めていては時間がかかり，その間に回復し難い損害が生じる，④サービス提供事業者にしか侵害の除去ができない（たとえば，投稿者であっても投稿記事を削除できない掲示板もある），などの問題があるためである。

そして，実際に，サービス提供事業者の法的責任を認めた裁判例も少なくない。そのため，被害者およびサービス提供事業者のいずれの側においても，これらの裁判例の動向に留意しておく必要がある。

そこで，本章では，まず，代表的な裁判例を基に，サービス提供事業者が被害者に対してどのような場合に民事上の責任を負うのかについて解説し（第2節，第3節），次に，サービス提供事業者に対する権利侵害訴訟の難しさを象徴する事例として2つの著名な最高裁事件を紹介したうえ（第4節），最後に，サービス提供事業者として法的責任を負うリスクを低減させるための方策（第5節）について解説する。

第２節

サービス提供事業者の法的責任

1　サービス提供事業者に対する請求の法的根拠

インターネット関連サービスを利用するユーザーによる情報・コンテンツの流通等により生じた権利侵害の被害者がサービス提供事業者に対してその損害の賠償を求める場合，被害者とサービス提供事業者との間に契約関係があれば，当該契約上の規定や債務不履行による損害賠償を定めた民法415条を根拠として請求することも可能であるが，被害者とサービス提供事業者との間には契約関係がないのが通常であるから，基本的には不法行為による損害賠償を定めた民法709条を根拠として請求することになる。

一方，被害者がサービス提供事業者に対して当該権利侵害の差止めを求める場合は，侵害された権利の内容に応じて，その根拠が異なる。具体的には，著作権が侵害された場合には著作権法112条，商標権が侵害された場合には商標法36条，不正競争行為の場合には不競法３条，名誉毀損（名誉権）・侮辱（名誉感情）・肖像権・プライバシーが侵害された場合には人格権が，それぞれ請求の根拠となる。民法709条は損害賠償の規定であるから，同条に基づく差止請求はできないので，その点には注意が必要である。

2　サービス提供事業者に法的責任が認められる場合の類型

過去の裁判例を見ると，インターネット関連サービスを利用するユーザーによる情報・コンテンツの流通等により生じた権利侵害について，サービス提供事業者の法的責任が肯定されるのは，大別して，❶権利侵害への関与の程度等を総合して侵害行為者（侵害主体）と評価される場合（**類型❶**）と，❷権利侵害を認識しながら放置したことをもって侵害行為者と同視される場合（**類型❷**），❸その他共同不法行為責任が認められる場合（**類型❸**）の３つの類型に分けられる。

そのため，被害者がサービス提供事業者に対して権利侵害の法的責任を追及する訴訟では，被害者は，上記類型❶～❸のいずれかまたは複数に沿った主張を展開することが多い。

以下，それぞれの類型について解説する。

⑴　権利侵害への関与の程度等を総合して侵害行為者（侵害主体）と評価される場合（類型❶）

①　類型❶が問題となりやすい訴訟

類型❶は，とりわけ著作権侵害訴訟で主張されることが多い。その場合には，著作物を利用している主体（侵害主体）が事業者なのか，それともユーザーなのかといった形で議論されることになる。このような議論を，講学上，「侵害主体論」と呼んでいる。著作権侵害訴訟で侵害主体論が議論されることが多い原因としては，主に２つの理由が考えられる。

まず第一に，著作権侵害訴訟では，著作物を利用している主体が事業者なのか，それともユーザーなのかによって，適法・違法の結論が変わることがあるからである。

たとえば，著作権法は，著作権者の許諾を得なくても，ユーザーが私的使用目的で著作物の複製をすることを認めているものの（著作権法30条１項），サービス事業者が著作物を複製することは認めていない。そのため，あるサービスにおいて著作物の複製が生じている場合において，それがユーザーによる私的使用目的の複製と言えれば，著作権侵害にはならないのに対し，ユーザーによる私的使用目的の複製と言えなければ（言い換えると，サービス提供事業者による複製と言われてしまうと），著作権侵害となることとなる。これが，著作権侵害訴訟で著作物の利用行為の主体が争いになる最大の原因である。

第二に，著作権侵害訴訟では，著作物の利用行為の主体でなければ，侵害行為の差止請求の相手方にならない場合があることも影響している。すなわち，著作権法112条は著作権を侵害する者または侵害するおそれがある者に対して当該侵害行為の差止請求権を認めているが，侵害する者または侵害するおそれがある者には，幇助者は含まれないとの見解が有力である[1,2]。この見解に立った場合には，事業者に対して差止請求権を行使するためには，ユーザーが著作権侵害行為の主体であり，事業者は当該侵害行為を幇助しているというだけでは足りず，当該事業者こそが著作権侵害行為の主体であると位置付ける必要がある。

なお，損害賠償請求だけであれば，無理に事業者が侵害行為の主体であると位置づける必要は必ずしもない。というのも，著作権侵害に基づく損害賠償請求は，民法709条の不法行為を根拠とする請求であり，不法行為の成否を判断するにあたっては，当該事業者の行為が違法なものといえればよいため，著作権法112条の適用は問題とならないからである[3]。

②　著作権侵害（利用行為）の主体の判断基準

上述のとおり，著作権侵害訴訟では，侵害主体論が議論されることが多く，訴える側・訴えられる側のいずれも，判例および下級審の裁判例の動向に注意する必要がある。

では，どのような場合にサービス提供事業者が著作物の利用行為の主体と判断されるのか。

1　たとえば，東京地判平16・３・11裁判所HP〔平成15年（ワ）15526号〕〔２ちゃんねるv.小学館事件・第１審〕は，著作権法112条はいわゆる物権的な権利である著作権について，物権的請求権に相当する権利を定めたものであるが，「同条に規定する差止請求の相手方は，現に侵害行為を行う主体となっているか，あるいは侵害行為を主体として行うおそれのある者に限られると解するのが相当である」と判示している。

2　一方で，幇助者に対する差止請求を認めた裁判例（大阪地判平15・２・13判時1842号120頁〔ヒットワン事件〕）や幇助者に対する著作権法112条の類推適用を認めた裁判例（大阪地判平17・10・24判時1911号65頁〔選撮見録事件・第１審判決〕）もある。

3　実際にも，最判平13・２・13民集55巻１号87頁〔ときめきメモリアル事件〕は，ゲームソフトの改変のみを目的とするメモリーカードを輸入，販売し，他人の使用を意図して流通に置いた者は，他人の使用によるゲームソフトの同一性保持権の侵害を惹起したものとして，不法行為に基づく損害賠償責任を負うと判示したものの，同一性保持権の侵害主体がメモリーカードの販売事業者か，メモリーカードのユーザーかについては特に判断しなかった。

この点に関する客観的かつ一義的に明確な判断基準はなく，著作物の利用行為の主体は，行為の対象，方法，行為への関与の内容，程度等の諸要素を考慮し，自然的・物理的側面だけでなく社会的・経済的側面も含めて総合的に判断される。

テレビ番組の録画サービスにおける複製行為の主体が問題となった後述のロクラクⅡ事件最高裁判決[4]は，「著作物の複製の主体の判断に当たっては，複製の対象，方法，複製への関与の内容，程度等の諸要素を考慮し，誰が当該著作物の複製をしているかを判断するのが相当である」と判示し，また，同判決の金築誠志裁判官の補足意見も，著作物の利用行為の主体を判断するにあたっては，「単に物理的・自然的に観察するだけで足りるものではなく，社会的，経済的側面をも含め総合的に観察すべきである」と述べている。同事件では複製の主体のみが問題となっているが，上記の判示および金築誠志裁判官が補足意見で述べるところは，複製の主体に限られず，著作物の利用行為一般の主体を判断する場合にも妥当するものと解される。

このように，著作物の利用行為の主体を判断するにあたって上記の判断基準が妥当するとしても，実際の訴訟の場面では，具体的にどのような諸要素を考慮すべきかが問題となるが，過去の判例や下級審の裁判例では，以下のような諸要素が考慮されている。

① サービスの目的・性質（ファイルローグ事件，MYUTA事件，録画ネット事件等）
② 利用行為の対象となる著作物を調達・提供しているのは誰か（まねきTV事件，ロクラクⅡ事件等）
③ 著作物の利用行為に用いられる機器（著作物の利用行為に不可欠なシステム等）を誰が管理・支配しているか（まねきTV事件，ロクラクⅡ事件，MYUTA事件，録画ネット事件，ファイルローグ事件等）
④ 個人レベルでは技術的に困難なことがサービスにより可能となっているか（MYUTA事件等）

4　最判平23・1・20民集65巻1号399頁。

⑤　当該サービスにおける削除措置や回避措置の有無および運用状況（TVブレイク事件，ファイルローグ事件等）
⑥　当該サービスにおける著作権侵害の割合（TVブレイク事件，ファイルローグ事件等）
⑦　サービスによって経済的な利益を享受しているか（録画ネット事件，TVブレイク事件，ファイルローグ事件等）

したがって，類型❶の訴訟では，上記判断基準および上記①〜⑦のような諸要素を考慮して，サービス提供事業者が著作物の利用行為の主体として，著作権侵害について責任を負う可能性があるかを検討する必要がある。

(2)　権利侵害を認識しながら放置したことをもって侵害行為者と同視される場合（類型❷）

サービス提供事業者によるサービスの提供自体は，権利侵害と認められなくても，権利者からの通知等により，サービス提供事業者が自己のサービスにおける具体的な侵害の事実を知り，または知り得べきであったにもかかわらず，削除等の侵害防止のための措置を講じないまま放置すれば，直接侵害者と同様の責任を負う可能性がある。

たとえば，後述の2ちゃんねるv.小学館事件[5]では，インターネット上の掲示板の書き込みによる著作権侵害について掲示板運営者が責任を負うか否かが問題となったが，東京高裁は，出版社の編集長が，掲示板運営者に対し，会社名，肩書，そして電話番号ファックス番号を明記したうえ，出版社の代理人または使者として，ファクシミリで著作権侵害通知をし，ファクシミリでしたのと同一内容の通知を電子メールでもしていたことを認定し，掲示板運営者としては，出版社の編集長からの通知を受けた際には，ただちに本件著作権侵害行為にあたる発言が本件掲示板上で書き込まれていることを認識することができ，発言者に照会するまでもなく速やかにこれを削除すべきであったにもかかわらず，上記通知に対し，発言者に対する照会すらせず，何らの是正措置を取らな

5　東京高判平17・3・3判時1893号126頁。

かったのであるから，掲示板運営者が公衆送信権の侵害について責任を負うと判示している。

また，後述のチュッパ・チャプス事件[6]では，電子モールの出店者による商標権侵害について当該電子モールの運営者が責任を負うかが問題となったが，知財高裁は，ウェブサイトの運営者（ショッピングモールの運営者）が，単に出店者によるウェブサイトの開設のための環境等を整備するにとどまらず，運営システムの提供・出店者からの出店申込みの許否・出店者へのサービスの一時停止や出店停止等の管理・支配を行い，出店者からの基本出店料やシステム利用料の受領等の利益を受けている者であって，その者が出店者による商標権侵害があることを知ったときまたは知ることができたと認めるに足りる相当の理由があるに至ったときは，その後の合理的期間内に侵害内容のウェブページからの削除がなされない限り，上記期間経過後から商標権者はウェブページの運営者に対し，商標権侵害を理由に，出店者に対するのと同様の差止請求と損害賠償請求をすることができる旨を判示している（ただし，同判決は，後述のとおり，結論としては電子モールの運営者の責任を否定している）。

(3)　その他共同不法行為責任が認められる場合（類型❸）

サービス提供事業者が直接の侵害行為者（侵害主体）と評価されない場合であっても，サービス提供事業者の行為が利用者による侵害行為の幇助あるいは教唆にあたるとして，共同不法行為責任（民法719条）が認められる可能性がある。

どのような事情があれば共同不法行為責任が認められるかについて一律の基準があるわけではない。インターネット関連サービスの事例ではないが，著作権侵害の共同不法行為責任を認めた判例として，たとえば，カラオケリース事件最高裁判決[7]がある。同事件では，カラオケ装置利用店の経営者がJASRACと著作物使用許諾契約の締結または申込みをしたことを，当該カラオケ装置のリース業者が確認することなく，カラオケ装置を引き渡した場合において，カ

6　知財高判平24・2・14判時2161号86頁。

7　最判平13・3・2民集55巻2号185頁。

ラオケ装置利用店の経営者による著作権侵害について，リース業者も共同不法行為責任を負うのかが問題となったが，最高裁は，①著作権侵害の発生の蓋然性（業務上カラオケ装置は，当該音楽著作物の著作権者の許諾がない限り一般的にカラオケ装置利用店の経営者による著作権侵害を生じさせる蓋然性の高い装置であること），②結果の重大性（著作権侵害は刑罰法規にも触れる犯罪行為であること），③利益の帰属（リース業者は，著作権侵害の蓋然性の高いカラオケ装置を賃貸に供することによって営業上の利益を得ているものであること），④予見可能性（カラオケ装置利用店の経営者の著作物使用許諾契約締結の実態として，同締結率が高くないことから，リース業者は許諾契約の締結または申込みが確認できない限り，著作権侵害が行われる蓋然性を予見すべきものであること），⑤結果回避の容易性（許諾を受けた飲食店にはステッカーが貼付され，リース業者はメンテナンス等によりカラオケ店に接触を持つ機会が多いこと等からすれば，ステッカーの有無，契約書や申込書の有無またはJASRACへの問い合わせ等により，リース業者としては容易に許諾の有無を確認することができること）を総合考慮し，カラオケ装置のリース業者は，カラオケ装置のリース契約を締結した場合において，リース契約の相手方に対し，「当該音楽著作物の著作権者との間で著作物使用許諾契約を締結すべきことを告知するだけでなく，上記相手方が当該著作権者との間で著作物使用許諾契約を締結し又は申込みをしたことを確認した上でカラオケ装置を引き渡すべき条理上の注意義務を負うものと解するのが相当である」（下線は筆者）と判示したうえ，当該リース業者は，著作物使用許諾契約を締結するよう告知したのみで，著作物使用許諾契約の締結または申込みをしたことを確認することなく，漫然とカラオケ装置を引き渡したとして，民法719条２項の共同不法行為責任を肯定している。

⑷　プロバイダ責任制限法との関係

なお，プロバイダ責任制限法３条１項各号は，ウェブサイトの管理者（プロバイダ）に関して，権利を侵害する情報を流通させた場合の責任について一定の制限を行っている。すなわち，同項は，ウェブサイトの管理者（プロバイダ）は，①情報の流通によって他人の権利が侵害されていることを知っていたとき（1号），または②情報の流通を知っていた場合であって，当該特定電気通信による情報の流通によって他人の権利が侵害されていることを知ることができたと認めるに足りる相当の理由があるとき（2号），のいずれかの要件を満たさない場合には，そうした情報の流通による責任を負わないものと規定している。ただし，同項の制限は，ウェブサイトの管理者（プロバイダ）自身が情報の「発信者」である場合には適用されないとされている（同項ただし書）。

類型❶および❷の場合は，サービス提供事業者が侵害行為を行っているものと評価される場合であるから，同項ただし書の「発信者」として免責が認められないか[8]，少なくとも情報の流通による権利侵害を知りまたは知ることができたとして，同項の各号によって免責が認められないことになろう。また，類型❸の場合も，情報の流通による権利侵害を知りまたは知ることができたとして，同項の各号によって免責が認められないことが多いであろう。

8　知財高判平22・9・8判時2115号102頁〔TVブレイク事件〕。

第３節

代表的な裁判例

1　電子掲示板，ブログ，SNS運営者に対する訴訟

(1)　電子掲示板，ブログ，SNSとは

電子掲示板とは，インターネット上で記事を投稿したり，閲覧したり，コメントを付したりできるような仕組みをいい，単に「掲示板」，英語の「Bulletin Board System」を略して「BBS」と呼ばれたりする。代表的なものとして，２ちゃんねるが挙げられる。

ブログ（blog）とは，ウェブサイトの一種で，Webとlog（記録）を合わせた造語であるWeblogの略称である。管理者が時系列的に記事を投稿した私的なニュースサイトまたは日記のような体裁となっているのが通常である。代表的なものとしては，アメーバブログが挙げられる。

SNSとは，Social Networking Serviceの略称であり，人と人の交流を目的とするウェブサイトまたはネットワークサービスの総称である。代表的なものとしては，FacebookやTwitterが挙げられる。電子掲示板もブログも広い意味ではSNSである。

これらのサービスでは，ユーザからさまざまな内容の記事が投稿されており，名誉毀損，プライバシー権侵害，著作権侵害などの権利侵害の問題が頻繁に発生している（第２章参照）。

このような権利侵害が放置されている場合には，サービス提供事業者に対して権利侵害の責任を追及する訴訟が提起されやすいので注意を要する。

(2) 電子掲示板，ブログ，SNS運営者の法的責任が問題となった裁判例

電子掲示板，ブログ，SNS運営者の法的責任が問題となった代表的な裁判例としては，前掲の２ちゃんねるv.小学館事件[9]がある。この事件は上記**第２節**
２(2)の類型❷（権利侵害を認識しながら放置したことをもって侵害行為者と同視される場合）のケースである。

■２ちゃんねるv.小学館事件

【事案】

漫画家X_1と出版社X_2（小学館）は，X_2が出版した書籍（本件書籍）に収録の対談記事について，著作権を共有するところ，Ｙが運営するインターネット上の電子掲示板（２ちゃんねる）上で，上記対談記事（本件対談記事１および２）が無断で転載されて送信可能化され，自動公衆送信されたことにより，Ｘらの送信可能化権，公衆送信権が侵害されたと主張し，Ｙに対し，著作権法112条１項に基づき当該対談記事の送信可能化および自動公衆送信の差止めを求めるとともに，X_2の削除要請にもかかわらず，Ｙが転載された当該対談記事の削除を怠ったことで控訴人らに損害が発生したと主張し，Ｙに対し，民法709条に基づき損害賠償を請求した事案

【主たる争点】

対談記事の書き込みによる公衆送信権侵害等についての電子掲示板運営者の責任

【判旨】

「自己が提供し発言削除についての最終権限を有する掲示板の運営者は，これに書き込まれた発言が著作権侵害（公衆送信権の侵害）に当たるときには，そのような発言の提供の場を設けた者として，その侵害行為を

9　前掲注５・東京高判平17・３・３。

放置している場合には，その侵害態様，著作権者からの申し入れの態様，さらには発言者の対応いかんによっては，その放置自体が著作権侵害行為と評価すべき場合もあるというべきである。」としたうえ，X_2の編集長Aが，会社名，肩書，そして電話番号，ファックス番号を明記したうえ，出版社として著名なX_2の代理人または使者として，Yに対し，ファクシミリで著作権侵害通知をし，ファクシミリでしたのと同一内容の通知を電子メールでもしていることを認定し，「インターネット上においてだれもが匿名で書き込みが可能な掲示板を開設し運営する者は，著作権侵害となるような書き込みをしないよう，適切な注意事項を適宜な方法で案内するなどの事前の対策を講じるだけでなく，著作権侵害となる書き込みがあった際には，これに対し適切な是正措置を速やかに取る態勢で臨むべき義務がある。掲示板運営者は，少なくとも，著作権者等から著作権侵害の事実の指摘を受けた場合には，可能ならば発言者に対してその点に関する照会をし，更には，著作権侵害であることが極めて明白なときには当該発言を直ちに削除するなど，速やかにこれに対処すべきものである。

本件においては，上記の著作権侵害は，本件各発言の記載自体から極めて容易に認識し得た態様のものであり，本件掲示板に本件対談記事がそのままデジタル情報として書き込まれ，この書き込みが継続していたのであるから，その情報は劣化を伴うことなくそのまま不特定多数の者のパソコン等に取り込まれたり，印刷されたりすることが可能な状況が生じていたものであって，明白で，かつ，深刻な態様の著作権侵害であるというべきである。<u>Yとしては，編集長Aからの通知を受けた際には，直ちに本件著作権侵害行為に当たる発言が本件掲示板上で書き込まれていることを認識することができ，発言者に照会するまでもなく速やかにこれを削除すべきであったというべきである。にもかかわらず，Yは，上記通知に対し，発言者に対する照会すらせず，何らの是正措置を取らなかったのであるから，故意又は過失により著作権侵害に加担していたものといわざるを得ない。</u>」（下線は筆者）と判示し，Yは著作権法112条の著作権を侵害する者または侵害するおそれがある者に該当し，著作権者の被った損害を賠償する不法行為責任があるとした。

【損害】

損害額合計：120万円

①　漫画家X_1関係（合計45万円）

本件対談記事１について

200円（＊１）×3000件（＊２）×１/４（＊３）＝15万円

本件対談記事２について

200円×3000件×１/２＝30万円

②　出版社X_2関係（合計75万円）

本件対談記事１について

200円×3000件×３/４（＊３）＝45万円

本件対談記事２について

200円×3000件×１/２＝30万円

＊１　本件対談記事の著作権使用料

＊２　編集長ＡのFAX送信以降のアクセス件数

＊３　本件対談記事１の著作権はＸに１/４，小学館に３/４帰属と認定

この事件のポイントは，サービス提供事業者が被侵害者からの通知によって権利侵害を認識していたにもかかわらず，何らの是正措置も取ることなく，これを放置したという点にある。

したがって，サービス提供事業者が被害者から責任を追及されることを回避したければ，被害者からの書面やメール等の通知により具体的な権利侵害の事実を認識したときは，ただちに削除等の是正措置を取るべきである。実務的には，サービス提供事業者において権利侵害かどうかの判断に迷う場合も多々あるが，後記第５節２⑵①で述べるとおり，サービス提供事業者としては，もし迷った場合には，削除するというのが無難な対応である。

コラム　東京地裁知財部と大阪地裁知財部で判断の傾向に違いはあるか

全国の地方裁判所のうち，知的財産権に関する事件（知財事件）を専門的に審理する部（知財専門部）があるのは，東京地裁と大阪地裁の２カ所のみである。

そのため，「特許権，実用新案権，回路配置利用権またはプログラムの著作物についての著作者の権利に関する訴え」（特許権等に関する訴え）は，東京地裁または大阪地裁の専属管轄とされている（民訴法６条１項）。

また，「意匠権，商標権，著作者の権利（プログラムの著作物についての著作者の権利を除く），出版権，著作隣接権もしくは育成者権に関する訴えまたは不正競争（不正競争防止法２条１項に規定する不正競争をいう）による営業上の利益の侵害に係る訴え」（意匠権等に関する訴え）については，本来の管轄裁判所のほか，東京地裁または大阪地裁にも訴えを提起することができることとなっている（競合管轄。民訴法６条の２）。

このように，知財事件は，東京地裁と大阪地裁に事件が集まる仕組みとなっているが，この２つの裁判所の知財専門部の判断の傾向に違いはあるのだろうか。

そもそも論としては，どちらの裁判所に提起するかによって判断の傾向に違いあってはならないし，実際上も判断の傾向に大きな違いはないものと考えられる。

ただ，過去には，著作権侵害に基づく差止請求に関して，東京地裁と大阪地裁とでは，大阪地裁のほうが差止対象者を広く認める傾向にあると言われている時期もあった。たとえば，大阪地判平15・２・13〔前掲注２・ヒットワン事件〕は，著作権侵害の幇助者に対する著作権法112条に基づく差止請求を肯定し，その後も，大阪地判平17・10・24〔選撮見録事件・第１審〕では，幇助者への差止請求に関して著作権法112条１項の類推適用を認めている。他方，東京地判平16・３・11〔前掲２ちゃんねるv.小学館事件・第１審〕は，著作権侵害の幇助者に対する著作権法112条に基づく差止請求を否定している。このようなことから，大阪地裁のほうが差止対象者を広く認める傾向にあると言われていたこともある。

上記の違いは，単に担当した裁判官の個性や考えに起因する違いにすぎないかもしれないが，訴訟を提起するにあたっては，どの裁判所に提起するかという点も訴訟戦略上の検討の一要素に加えてみてはいかがだろうか。

2　動画投稿サイト運営者に対する訴訟

(1)　動画投稿サイトとは

動画投稿サイトとは，動画の投稿や視聴を可能とするウェブサイトをいう。日本では，YouTubeやニコニコ動画等のサービスが有名である。

動画投稿サイトには，著作権法の知識に乏しいユーザーまたは悪意のあるユーザーから，DVD映像，映画やテレビ番組が投稿されることも多い。これらの投稿に対しては，権利者は，通常，個別に削除請求をするという対応を取っているが，イタチごっことなる場合も多いため，これらのサービスでは，動画投稿サイトの運営者に対して権利侵害の責任を追及する訴訟が提起される場合もある。

(2)　動画投稿サイト運営者の法的責任が問題となった裁判例

動画投稿サイト運営者の法的責任が問題となった代表的な裁判例としては，前掲のTVブレイク事件[10]がある。この事件は上記**第２節**2(1)の類型❶（権利侵害行為への関与の程度等を総合して侵害行為者（侵害主体）と評価される場合）のケースである。

■TVブレイク事件

【事案】

音楽著作物の著作権等管理事業者であるXが，動画投稿・共有サイト「TVブレイク」（平成19年４月16日までは「パンドラTV」。以下「本件サイト」という）を運営するY_1が主体となって，本件サイトのサーバーにXの管理著作物の複製物を含む動画ファイルを蔵置し，これを各ユーザーのパソコンに送信しているとして，Y_1に対し，著作権（複製権および公衆送信権）侵害に基づき当該行為の差止めと損害賠償金の支払を求めるとともに，Y_1の代表者であるY_2に対し，不法行為に基づきY_1と連帯し

10　東京地判平21・11・13判時2076号93頁，前掲注８・知財高判平22・９・８。

て損害賠償金等の支払を求めた事案

【サービス構成】

- 本件サイトに動画ファイルをアップロードしようとするユーザーは，本件サイトに指示された情報を入力して会員登録をする（視聴するだけのユーザーは会員登録は不要）。
- 登録した会員ごとにチャンネル番号が付与されて「MYチャンネル」が与えられる。
- ユーザーが本件サイトの指示に従って動画ファイルをアップロードする操作を行うと，本件サービスの専用ソフト（本件ユーザーソフト）が自動的にユーザーのパソコンにダウンロードされて起動し，動画ファイルは自動的に本件サイトに適したwmv形式のファイルに変換されて本件サイトに送信される。なお，２度目以降は，本件ユーザーソフトはダウンロードおよびインストールされない。
- 送信された動画ファイルは，本件サーバー内に蔵置され，他のユーザーのリクエストに応じていつでも送信できる状態に置かれる。
- 他のユーザーからリクエストがあると，本件サーバーから動画ファイルが同ユーザーにストリーム送信され，同ユーザーは，送信された動画ファイルを自己のパソコンで受信し，そのファイルをアップロードしたユーザーの「MYチャンネル」画面上に再生される動画を視聴することができる。

【主たる争点】

動画の複製および送信行為の主体（Yかユーザーか）

【判旨】

〈侵害主体〉

「本件サービスは，本来的に著作権を侵害する蓋然性の極めて高いサービスであって，Y_1は，このような本件サービスのシステムを開発して維持管理し，運営することにより，同サービスを管理支配している主体であるところ，ユーザの投稿に対し，Y_1から対価が支払われるわけではなく，Y_1は，無償で動画ファイルを入手する一方で，これを本件サーバに蔵置し，送信可能化することで同サーバにアクセスするユーザに閲覧の機会を提供する本件サービスを運営することにより，広告収入等の利益を得ているものである。

しかるところ，本件サイトは，本件管理著作物の著作権の侵害の有無に限って，かつ，控え目に侵害率を計算しても，侵害率は49.51％と，約５割に達しているものであり，このような著作権侵害の蓋然性は，動画投稿サービスの実態それ自体やY_1によるアダルト動画の排除を通じて，Y_1において，当然に予想することができ，現実に認識しているにもかかわらず，Y_1は著作権を侵害する動画ファイルの回避措置及び削除措置についても何ら有効な手段を採っていない。

そうすると，Y_1は，ユーザによる複製行為により，本件サーバに蔵置する動画の中に，本件管理著作物の著作権を侵害するファイルが存在する場合には，これを速やかに削除するなどの措置を講じるべきであるにもかかわらず，先に指摘したとおり，本件サーバには，本件管理著作物の複製権を侵害する動画が極めて多数投稿されることを認識しながら，一部映画など，著作権者からの度重なる削除要請に応じた場合などを除き，削除することなく蔵置し，送信可能化することにより，ユーザによる閲覧の機会を提供し続けていたのである。

しかも，そのような動画ファイルを蔵置し，これを送信可能化して閲覧の機会を提供するのは，Y_1が本件サービスを運営して経済的利益を得るためのものであったこともまた明らかである。

したがって，Y_1が，本件サービスを提供し，それにより経済的利益を得るために，その支配管理する本件サイトにおいて，ユーザの複製行為を誘引し，実際に本件サーバに本件管理著作物の複製権を侵害する動画が多数投稿されることを認識しながら，侵害防止措置を講じることなくこれを容認し，蔵置する行為は，ユーザによる複製行為を利用して，自ら複製行為を行ったと評価することができるものである。

よって，Y_1は，本件サーバに著作権侵害の動画ファイルを蔵置することによって，当該著作物の複製権を侵害する主体であると認められる。

また，本件サーバに蔵置した上記動画ファイルを送信可能化して閲覧の機会を提供している以上，公衆送信（送信可能化を含む。）を行う権利を侵害する主体と認めるべきことはいうまでもない。」（下線は筆者）

〈役員の責任〉

Y_1は，Y_2の個人会社とみるべきとしたうえ，「Y_2は，自らのチャンネルの中で自らも著作権侵害行為をしていたのであり，そのチャンネルの中では本件管理著作物に係る著作権侵害及びXとの交渉に触れ，あるいは権利者との交渉を直接担当するなど，現実にも本件サービスの実務を自ら中心となって担当していたと認められるから，Y_2もY_1とともに上記著作権侵害行為の主体と評価することができる。

したがって，本件サービスにおける著作権侵害行為は，Y_1とY_2との共同不法行為というべきであり，Xに発生した損害について，Y_2は，Y_1とともに連携して（不真正）責任を負うものというべきである。」

【損害】

損害額合計：8993万円

①　使用料相当損害合計：8193万円

②　弁護士費用相当損害：800万円

本件では，本件サービスにおけるコンテンツの著作権侵害率は非常に高く（控え目に計算しても侵害率は約５割），Y_1が著作権侵害の投稿が多数行われていることを認識しながら有効な侵害防止措置を講じることなくこれを容認して放置し，経済的な利益を受けていたことが主体性を認定されたポイントとなっている。これでは，Y_1がユーザの行為を隠れ蓑として著作物を利用していると評価されても仕方がないものと思われる。本件は，やはり権利侵害が発生する蓋然性の高いサービスにおいては，事業者は，できる限り著作権侵害を除去する措置を講ずるよう努める必要があることを示唆している。

また，本件のような訴訟では，権利侵害について，サービス提供事業者だけでなく役員個人も不法行為または共同不法行為責任を問われる場合がある。したがって，訴えられる側となるサービス提供事業者としては，この可能性にも十分留意する必要がある。他方，訴える側も，役員を被告に加えるか否かについて，役員の関与や故意・過失の立証の難易度等を考慮しつつ，慎重に判断する必要がある。

3　電子モール運営者に対する訴訟

(1)　電子モールとは

電子モールとは，インターネット上の複数の店舗のサイトを１つにまとめて，さまざまな物品を販売するウェブサイトをいう。サイバーモール，電子商店街などと呼ばれることもある。日本では，楽天市場やYahoo!ショッピングなどが有名である。

個別の商店のサイトにおいて，商標権侵害や著作権侵害などの権利侵害が生じた場合には，当該個別の店舗のサイトの運営者が責任を負うのが原則である。しかし，それらを束ねる電子モールの運営者が当該権利侵害について責任を問われる場合もある。

(2)　電子モール運営者の法的責任が問題となった裁判例

電子モール運営者の法的責任が問題となった代表的な裁判例としては，前掲注６のチュッパ・チャプス事件[11]がある。この事件は上記**第２節**2(2)の類型❷（権利侵害行為を認識しながら放置したことをもって侵害行為者と同視される場合）のケースである。

11　知財高判平24・２・14判時2161号86頁。

■チュッパ・チャプス事件

【事案】

「チュッパ　チャプス」「Chupa Chups」の商標について商標権を有するXが，Yに対し，Yの運営する電子モール（楽天市場。以下「Yサイト」という）において，出店者が同商標を付した商品（本件商品）を展示または販売していたことは，Xの商標権を侵害またはXの商品等表示として周知または著名な「チュッパ　チャプス」「Chupa Chups」の表示を利用した不正競争行為（不競法2条1項1号・2号）に該当すると主張して，商標法36条1項または不競法3条1項に基づく差止めと，民法709条または不競法4条に基づく損害賠償等の支払を求めた事案

【主たる争点】

Yが商標権侵害等について法的責任を負うか

【判旨】

「本件におけるYサイトのように，ウェブサイトにおいて複数の出店者が各々のウェブページ（出店ページ）を開設してその出店ページ上の店舗（仮想店舗）で商品を展示し，これを閲覧した購入者が所定の手続を経て出店者から商品を購入することができる場合において，上記ウェブページに展示された商品が第三者の商標権を侵害しているときは，商標権者は，直接に上記展示を行っている出店者に対し，商標権侵害を理由に，ウェブページからの削除等の差止請求と損害賠償請求をすることができることは明らかであるが，そのほかに，ウェブページの運営者が，単に出店者によるウェブページの開設のための環境等を整備するにとどまらず，運営システムの提供・出店者からの出店申込みの許否・出店者へのサービスの一時停止や出店停止等の管理・支配を行い，出店者からの基本出店料やシステム利用料の受領等の利益を受けている者であって，その者が出店者による商標権侵害があることを知ったとき又は知ることができたと認めるに足りる相当の理由があるに至ったときは，その後の合

理的期間内に侵害内容のウェブページからの削除がなされない限り，上記期間経過後から商標権者はウェブページの運営者に対し，商標権侵害を理由に，出店者に対するのと同様の差止請求と損害賠償請求をすることができると解するのが相当である。」（下線は筆者）と判示し，その理由として以下の事情を挙げている。

①Ｙサイトのように，ウェブページを利用して多くの出店者からインターネットショッピングをすることができる販売方法は，販売者・購入者の双方にとって便利であり，社会的にも有益な方法であるうえ，ウェブページに表示される商品の多くは，第三者の商標権を侵害するものではないから，本件のような商品の販売方法は，基本的には商標権侵害を惹起する危険は少ないこと

②仮に出店者によるウェブページ上の出品が既存の商標権の内容と抵触する可能性があるものであったとしても，出店者が先使用権者であったり，商標権者から使用許諾を受けていたり，並行輸入品であったりすること等もあり得ることから，上記出品がなされたからといって，ウェブページの運営者がただちに商標権侵害の蓋然性が高いと認識すべきとはいえないこと

③商標権侵害は刑罰法規にも触れる犯罪行為であり，ウェブページの運営者であっても，出店者による出品が第三者の商標権を侵害するものであることを具体的に認識，認容するに至ったときは，同法違反の幇助犯となる可能性があること

④ウェブページの運営者は，出店者との間で出店契約を締結していて，上記ウェブページの運営により，出店料やシステム利用料という営業上の利益を得ているものであること

⑤ウェブページの運営者は，商標権侵害行為の存在を認識できたときは，出店者との契約により，コンテンツの削除，出店停止等の結果回避措置を執ることができること

そして，本件では，Ｙは，ＹがＸ代理人弁護士からの内容証明によって商標権侵害を知ったときから８日以内という合理的期間内にこれを是

正（削除）したと認定し，ＹによるＹサイトの運営がＸの本件商標権を違法に侵害したとまでいうことはできないとした。また，同様の理由により，不競法違反も否定した。

本件では，結論としては，出店者による商標権侵害に対する電子モールの運営者の法的責任を否定したが，これは，電子モールの運営者が権利者からの警告により当該商標権侵害を認識してから速やかに（８日以内に）当該商標権侵害を是正したことによる。本判決からすれば，電子モール運営者としては，出店者による権利侵害を認識したときには直ちに是正させる対応が望まれる。

4　口コミサイト運営者に対する訴訟

(1)　口コミサイトとは

口コミサイトとは，一般の消費者が店舗・商品・サービスなどの評価等を投稿できるウェブサイトをいう。

口コミサイトには，実際に当該店舗やサービスを利用したり，商品を購入したりした者の知見や感想が口コミ情報として投稿されるため，当該店舗やサービスの利用や商品の購入を検討している者には有益であるが，店舗が公表を欲しない情報，事実無根の情報や単なる誹謗中傷などが記載される場合もある。このような場合，口コミサイトの運営者に対して権利侵害の責任を追及する訴訟が提起される場合がある。

(2)　口コミサイト運営者の法的責任が問題となった裁判例

口コミサイトの運営者の法的責任が問題となった代表的な裁判例としては，以下の食べログ札幌事件[12]・食べログ大阪事件[13]がある。これらの事件は，サービスの利用者の権利侵害についてのサービス提供事業者の法的責任が問題と

12　札幌高判平27・６・23ウエストロー2015WLJPCA06236001，札幌地判平26・９・４裁判所HP〔平成25年（ワ）886号〕。

13　大阪地判平27・２・23裁判所HP〔平成25年（ワ）13183号〕。

なった事件ではないが，公開を希望しない店舗情報が口コミサイトに掲載された場合において，店舗側が口コミサイトに対して当該情報の削除を求めることができるか，その場合にはどのような法的根拠があるのか，ということを検討するうえで参考となる。

■食べログ札幌事件

【事案】

北海道において，丼物を提供している飲食店を経営しているＸが，インターネット上の口コミサイト（食べログ）を運営管理しているＹに対し，当該店舗に係る情報を掲載していることについて，不競法２条１項１号または２号の不正競争行為に該当するまたはＸの名称権等を侵害するものであるなどと主張して，同店舗のウェブサイト（予備的に店舗の名称，店舗の所在地および電話番号）の削除等を求めた事案

【争点】

⑴　不競法２条１項１号または２号の不正競争行為の該当性

⑵　店舗の名称権（店舗の名称を排他的に利用し，第三者に利用されない権利）侵害の有無

【主たる判旨】

⑴　不正競争行為の該当性

不正競争行為の該当性については，以下のとおり判示して，不正競争行為の該当性を否定した第１審の札幌地裁（平26・９・４）の判断を支持して，原告の請求を退けた。

①　Ｘ店舗名称の著名性

Ｘは，本件店舗の名称（本件名称）は，札幌市およびその周辺地域で広く読まれている雑誌やフリーペーパー等で紹介されたり，テレビ番組等で取り上げられたりしており，インターネットが普及した現代社会にあっては，一般消費者も全国各地の情報を容易に入手できるから，全国

的な知名度を必要とする不競法２条１項２号の伝統的理解にとらわれるべきではなく，本件店舗は，北海道内における親子丼専門店として一定の知名度と信用，評価を得ているから，本件名称は著名であると主張した。しかし，「一般消費者がインターネットを通じた情報入手が容易であることを理由として，混同が生じるか否かを問わず，同一又は類似のものを他の商品等に表示する行為や他の地域において表示する行為についても，不正競争に該当し，差止め等ができるとするのは，本号と１号との相違を無視するもので，他者の営業活動の自由を妨げること甚だしく，かえって事業者間の公正な競争や国民経済の健全な発展（不競法１条）を妨げることにな」り，それ自体失当であるとしたうえ，本件名称については，札幌市およびその周辺地域で発行されている雑誌やフリーペーパー等に何回か掲載されたり，テレビ番組で紹介されたりしたというにとどまり，原告の営業地域およびその周辺の親子丼専門店等飲食店の需要者の枠を超えて広く知られ，高い名声，信用，評価等を獲得していると認めるに足りる証拠はないとして著名性を否定した。

② 商品等表示と同一のものの使用

Ｙが「食べログ」内で，本件名称を表示する行為は，「ユーザー会員が本件店舗の評価等に関する口コミを投稿し，一般消費者が本件サイトを利用するに当たって，本件店舗を本件サイト内において特定したり，本件ページのガイドや口コミが本件店舗に関するものであることを示したりするために用いているもので，本件サイトの内容の一部を構成するにすぎないものといえる。

したがって，Ｙによる本件ページへの本件名称の掲載は，Ｙの商品等の出所を表示したり，Ｙの商品等を識別したりする機能を有する態様で本件名称を使用しているということはできず，Ｙが自己の商品等表示としてXの商品等表示と同一又は類似のものを使用していると認めることはできない。」と判示した。

(2) 店舗の名称権侵害

また，Xが主張する名称権の侵害についても，以下のとおり判示し，こちらもXの請求を退けた。

- 「本件名称は，Xの飲食物の提供という役務の出所を示す標章すなわち商標として使用されていたものであり……，法人を象徴する名称として使用していたとは認められない。」（下線は筆者）
- 「役務の出所を示す標章，営業表示にすぎない本件名称のような店舗の名称の使用につき，商標法，不競法とは別に，法令等の根拠もなく特定の者に排他的な使用権等を認めることは相当ではない。」
- 仮に本件名称が名称権の保護の対象になるとしても，「法人の名称の無断使用がその名称権を侵害する違法なものとなるか否かは，当該名称の使用目的及び態様，これによって名称権を有する者が被る損害，差止めを認めることにより相手方等が被る不利益等を総合的に考察して判断すべきであると解される」としたうえ，本件では，①本件名称を冒用されているわけではないこと，②Xは，一般公衆を対象として飲食店を経営しているのであるから，顧客の評判によって利益を得たり，損失を受けたりすることを甘受すべき立場にあること，③仮に本件ページが削除されることになれば，これらの口コミ投稿も削除されることになり，これらユーザーの表現の自由を害することになりかねないこと，④経営者の同意がないという一事で飲食店の口コミ投稿が許されないとするなら，これら一般消費者がこれらの情報にアクセスする機会を害することになりかねないこと，などの諸事情を総合考慮し，「Yによる本件ページへの本件名称の掲載が違法であると評価することはできない」と判示した。

本件のような事案において，仮に口コミサイトに掲載されている店舗の名称が周知または著名であったとしても，口コミサイトの運営者の行為が，不競法2条1項または2号の不正競争行為に該当するためには，当該運営者が店舗の名称等を商品等の出所識別表示として使用している必要があるが，本判決が判示するとおり，通常は，当該店舗を特定したり，口コミが当該店舗に関するものであることを示したりするために使用されているにすぎないから，出所識別表示として使用されることはないため，不競法違反に基づく削除請求は困難であると考えられる。

また，法人であっても，その名称を他の法人等に冒用されない権利を有し，これを違法に侵害されたときは，加害者に対し，侵害行為の差止めや損害賠償を求めることができるとされているが[14]，法人の名称ではなく，Ｘの店舗の名称でしか使用されていない場合には，本判決が判示するとおり，原則として名称権の保護対象とならず，仮に名称権の保護対象となるとしても，名称権侵害は，名称の使用目的および態様，これによって名称権を有する者が被る損害，差止めを認めることにより相手方等が被る不利益等を総合的に考察して判断されるところ，本件の事情では，名称権侵害に基づく削除請求も困難であると考えられる。

なお，上記判決の原審である札幌地裁では，①営業の自由の侵害や②法人の自己情報コントロール権についても争われていたが，札幌地裁は，以下のとおり判示し，当該主張をいずれも否定している。

まず，営業の自由については，Ｘは，Ｘには特定の営業形態を強制されない自由が保障されているところ，Ｙによる本件サイトへの本件名称の掲載がＸの意に反して続けられることにより，いつ，いかなる形で本件店舗の情報を発信していくかの自由を害され，Ｘの営業権が侵害される旨主張していたが，札幌地裁は，「Ｘの主張自体その趣旨が明らかではなく，本件サイトに本件ページが掲載され，本件店舗の情報が発信されたからといって，飲食店としての本件店舗の営業内容が変更されるものではないし，営業形態が強制されるとすることについて具体的に主張するものでもないから，Ｘの上記主張には理由がない」と判示している。

次に，法人の自己情報コントロール権については，「Ｘは，法人であり，会社であって，広く一般人を対象にして飲食店営業を行っているのであるから，個人と同様の自己に関する情報をコントロールする権利を有するものではない」と判示している。

14　最判平18・1・20民集60巻1号137頁〔天理教事件〕。

■食べログ大阪事件

【事案】

立地，外観，店名，内装，入店方法等により秘密性を演出している飲食店を経営するXが，インターネット上の口コミサイト（食べログ）を運営管理しているYに対し，Yが同店舗情報等の抹消に応じないことから，営業権もしくは業務遂行権および情報コントロール権を根拠に，店舗情報等の削除等を求めた事案

【主たる争点】

営業権もしくは業務遂行権または情報コントロール権侵害の有無

【判旨】

「不法行為に基づく損害賠償及び人格権（営業権若しくは業務遂行権又は情報コントロール権）に基づく差止めが認められるためには，Yにおいて，Xから店舗情報等の削除を求める旨の申出があった場合にYがこれに応じないことが違法と評価されることが必要となる」と判示したうえ，情報コントロール権については，不法行為や差止めを認めるために保護されるべき権利または利益として認めることは相当ではないとし，また，営業権または業務遂行権については，営業の自由，職業活動の自由の保障の内容として，Xが「自らの業務遂行のため，自己の情報に関し，公開するかどうかについて，選択する権利又は利益を有する」ことを認めつつ，「Yの侵害行為の態様は，Xからの申入れに対し，店舗情報等が公開されているので応じなかったというものであり，Yは，その権限で削除をすることは可能であるものの，「食べログ」では，当該店舗に批判的な評価も含め，管理者であるYの作為による情報操作をせず，ユーザーの情報をそのまま提供するサイトを設けるという方針で行っており，一般的に公開されている情報であれば掲載するという方針でXの申し入れに応じなかったに過ぎないものであるから，Yが，Xからの申し入れに応じないことが違法と評価される程度に侵害行為の態様が悪質というこ

とはできない。そうであれば，Yが口コミにより収入を得ていること，Xの承諾なく情報を掲載していることが認められるとしても，Yの行為が名誉毀損に該当したり，プライバシー侵害に該当したりしないような本件について，前記先行行為に基づく条理上の作為義務が発生すると認めることはできない。」として，Xの請求をいずれも退けた。

本件は，秘密性のある隠れ家としての演出が行われていた店舗情報が口コミサイトで掲載されていたという事案である。本判決のポイントは，Xが自らの業務遂行のため，自己の情報に関し，公開するかどうかについて，選択する権利または利益を有することを認めている点である。本件では，そもそもX自身が本件店舗の店名，住所，電話番号，地図，店内見取り図等をウェブサイトで公開しており，また，ブログやTwitter等により，本件店舗の情報が多数公開されていたため，店舗情報の削除等に応じなかったYの対応の違法性は否定され，Xの請求は認められなかったが，仮に店舗情報の秘匿性が貫かれていた場合には，Xの請求が認められた余地もあるため，同種の訴訟を検討する際には参考となる。

5　ネットオークションサービス事業者に対する訴訟

(1)　ネットオークションとは

ネットオークションとは，インターネット上で行われるオークションサービスである。ネットオークションサービスにおいて，サービス提供事業者は，出品者と落札者との間の売買取引を仲介する役割を果たしている。日本では，Yahoo!オークションが有名である。

ネットオークションにおいては，悪意ある出品者により虚偽の出品がなされ，落札者が落札した商品を受け取れなかったりする場合もある。

ネットオークションは，出品者と落札者との間の個別の売買取引であるため，落札者は，出品者に対して法的責任を追及するのが原則であるが，出品者の情報がわからなかったり，虚偽の情報が登録されていたりするケースもあり，ネットオークションサービスの提供事業者に対して法的責任を追及する場合がある。

(2) ネットオークションサービスの提供事業者の法的責任が問題となった裁判例

ネットオークションサービスの提供事業者の法的責任が問題となった代表的な裁判例としては，以下のCオークション事件[15]がある。この事件は，上記**第２節②(3)の類型❸**（その他共同不法行為責任を問われる場合）のケースである。

■Cオークション事件

【事案】

Ｙの提供するインターネットオークション（本件サービス）を利用して，商品を落札し，その代金を支払ったにもかかわらず，商品の提供を受けられないという詐欺被害に遭ったＸらが，Ｙの提供する本件システムには，契約および不法行為上の一般的な義務である詐欺被害の生じないシステムの構築義務に反する瑕疵があり，それによってＸらは，上記詐欺被害に遭ったとして，Ｙに対し，債務不履行または不法行為に基づき，損害賠償等を求めた事案

【サービス概要】

①本件サービスは，Ｙの運営するウェブサイト上において，出品者が目的商品の情報を掲載して入札を募り，入札者が目的商品に対して自己の買取価格をもって入札し，出品者の定めた入札期間終了時において最高買取価格で入札した者を原則として落札者とし，出品者と落札者との間に当該買取価格（落札額）での売買契約が成立するという仕組みとなっている。

②本件サービスを利用しようとする者は，出品者側，入札者側のいずれも，IDの登録をして，IDを取得する必要がある。IDの登録や保持につ

15　名古屋地判平20・３・28判時2029号89頁，名古屋高判平20・11・11裁判所HP〔平成20年（ネ）424号〕。

き，氏名や住所等を登録する必要があるが，登録者に登録料や会費等の負担は生じない。

③本件サービスの利用には，IDの保持に加え，会員登録をする必要がある。会員登録をすると，月額の会員費が生じ，本件サービスの利用ができるようになるほか，会員用動画の閲覧など，会員向けのサービスを受けることができるようになる。

④出品者は，本件サービス利用に際して，利用料（以下「本件利用料」という）が別途必要となる。他方，落札者には，出品者について生じる上記のような利用料の負担は生じない。

⑤入札者は，自己の入札額を決めて，オークションに入札する。ただし，出品者による開始価格や希望落札価格の設定により，入札額の選択範囲が限定されるなど，選択の余地がない場合もある。また，出品者が最低落札価格を設定している場合，その価格に満たない金額での入札では，落札することができない。

⑥落札が決まると，Ｙが出品者および落札者に対して落札の通知をする。代金の支払，商品の送付・受領の手配等は，出品者と落札者の間で行われる。

⑦Ｙは，出品者および落札者の間で行われる代金の支払，商品の送付・受領につき，エスクローサービス（出品者と落札者との間に専門業者が入って代金や商品を現実に取り次ぐサービス）を，出品者が利用を認め，落札者もそれに応じる場合にのみ利用できる任意のサービスとして推奨している。

【主たる争点】

⑴　Ｙの義務の有無

⑵　Ｙの義務違反の有無

【判旨】

⑴　**Ｙの注意義務の有無およびその内容**

「本件利用契約は本件サービスのシステム利用を当然の前提としていることから，本件利用契約における信義則上，ＹはＸらを含む利用者に対して，欠陥のないシステムを構築して本件サービスを提供すべき義務を負っているというべきである」とし，「Ｙが負う欠陥のないシステムを構築して本件サービスを提供すべき義務の具体的内容は，そのサービス提供当時におけるインターネットオークションを巡る社会情勢，関連法規，システムの技術水準，システムの構築及び維持管理に要する費用，システム導入による効果，システム利用者の利便性等を総合考慮して判断されるべきである」としたうえ，Ｙには，「本件サービスを用いた詐欺等犯罪的行為が発生していた状況の下では，利用者が詐欺等の被害に遭わないように，犯罪的行為の内容・手口や件数等を踏まえ，利用者に対して，時宜に即して，相応の注意喚起の措置をとるべき義務があった」とした。

⑵　Ｙの義務違反

「平成12年から現在まで，Ｙは，利用者間のトラブル事例等を紹介するページを設けるなど，詐欺被害防止に向けた注意喚起を実施・拡充してきており，時宜に即して，相応の注意喚起措置をとっていたものと認めるのが相当である」として，Ｙの義務違反を否定した。

なお，Ｘらは，控訴審において，Ｙらは，注意喚起において一定期間における詐欺的犯罪行為の発生頻度，発生割合を明らかにすべきであったと主張したが，名古屋高裁は，「Ｙは，利用者（入札希望者）に対する相応の注意喚起措置を執っており，詐欺的犯罪行為の発生頻度，発生割合を明らかにすれば，詐欺的被害を防止できる関係にあるとは認められないので，上述の注意喚起に加え，詐欺的犯罪行為の発生頻度，発生割合を明らかにしなければ必要な注意喚起をしたことにならないとは認められない」として，Ｘらの主張を排斥した。

本件では，ＸらとＹとの間で契約関係があったため，ＸらはＹに対して債務不履行に基づく損害賠償請求も行っている。

本判決がＹの注意喚起義務を認めたのは，本件サービスを用いた詐欺等犯罪的行為が発生していた状況があったからであり，そのような状況がなければ注意喚起義務は生じないものと考えられる。本件は，Ｙが相応の注意喚起義務を果たしていた事案であったが，仮に，詐欺等の被害が発生している状況をＹが認識していながら，注意喚起その他被害を防止するための措置を何ら講じていなかったとしたら，Ｙの法的責任が認められた可能性がある。

なお，インターネット関連サービスの事案ではないが，本件のような事例の参考となる判例として日本コーポ事件最高裁判決[16]がある。同事件は，未完成の建物（マンション）の販売広告をした不動産業者が倒産したため，広告を見て購入の契約をしたが，マンションを入手できず既払内金の返還も受けられなくなったマンションの購入者らが，広告を掲載した新聞社等に対し，損害賠償を求めた事案であり，最高裁は，新聞社等の広告内容の真実性について予め十分に調査確認する一般的な法的義務を否定しつつも，新聞広告の影響の大きさに照らし，「広告内容の真実性に疑念を抱くべきと特別の事情があって読者らに不測の損害を及ぼすおそれがあることを予見し，又は予見しえた場合には，真実性の調査確認をして虚偽広告を読者らに提供してはならない義務がある」（下線は筆者）と判示し，本件掲載等をした当時，新聞社等において前記真実性の調査確認義務があるのにこれを怠って当該掲載等をしたものとはいえないとして新聞社等の責任を否定した。

6　P2Pサービスの提供事業者に対する訴訟

(1)　P2Pとは

Ｐ２Ｐとは，ピアツーピア（Peer to Peer）の略称であり，インターネットに接続している端末をサーバを介さずに相互に直接接続し，データを送受信する通信方式またはその方式を用いた通信システムをいう。日本では，Ｐ２Ｐというと，ファイル共有ソフトのWinnyが有名であるが，SkypeなどもＰ２Ｐを利用したサービスの一種である。

Winnyに代表されるＰ２Ｐファイル共有ソフトの場合，個人間で音楽，映画などのコンテンツの交換を行うことができることから，Ｐ２Ｐサービスにおい

16　最判平元・９・19集民157号601頁。

て著作権侵害の問題が生じやすい。しかし，P2Pにおいて，侵害者を把握するのは困難であり，また，個々の権利侵害に対応してもイタチごっことなる。そのため，P2Pの提供事業者に対して法的責任を追及する場合がある。

(2)　P2Pサービスの提供事業者の法的責任が問題となった裁判例

P2Pサービスの提供事業者の法的責任が問題となった代表的な裁判例としては，以下のファイルローグ事件[17]がある。ファイルローグ事件は，JASRACが提起した著作権侵害事件とレコード会社が提起した著作隣接権侵害事件の2つあるが，争点や判旨は基本的に同じなので，前者を紹介しておく。この事件は上記**第2節**2(1)の類型❶（権利侵害行為への関与の程度等を総合して侵害行為者（侵害主体）と評価される場合）のケースである。

■ファイルローグ事件

【事案】

X（JASRAC）が，「ファイルローグ」との名称でMP3形式により複製された電子ファイルの交換サービス（本件サービス）を提供している会社Y_1およびその代表取締役Y_2に対し，本件サービスによって，Xの管理に係る音楽著作物（本件管理著作物）の著作権（自動公衆送信権および送信可能化権侵害）が侵害されたとして，本件サービスにおいて管理著作物を複製したMP3ファイルを送受信の対象とすることの差止めを求めた事案

【サービス概要】

本サービスを利用して電子ファイルを交換するためには，利用者は，Y_1サイトからクライアントソフト（本件クライアントソフト）をダウンロードして自己のパソコンにインストールしておく必要がある。

利用者が，電子ファイルをパソコンの共有フォルダに蔵置し，本件ク

17　東京高判平17・3・31裁判所HP〔平成16年（ネ）446号（著作隣接権侵害），同405号（著作権侵害）〕。

ライアントソフトを起動してY_1が設置したサーバーに接続すると，利用者のパソコンは，Y_1サーバーに同時にパソコンを接続させている他の利用者（受信者）からの求めに応じ，自動的に当該電子ファイルを送信できる状態となる。

受信者は，受信を希望する電子ファイルをY_1サーバーで検索して，その電子ファイルの蔵置されているパソコンの所在および内容を確認し，Y_1サーバーを経由しないで，当該パソコンから当該電子ファイルをダウンロードすることができる。

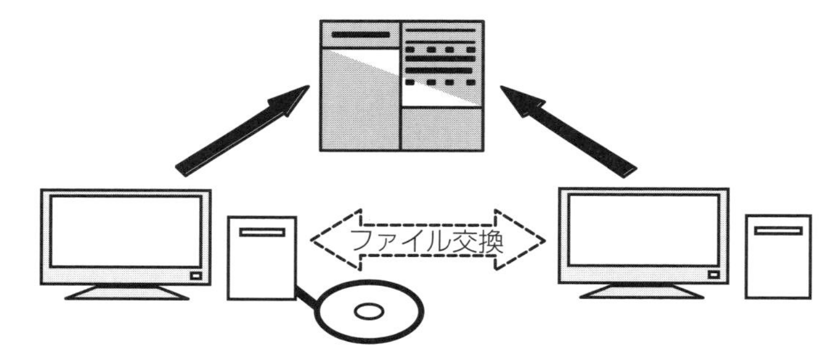

【主たる争点】

サービスにおける送信行為の主体（Y_1か利用者か）

【判旨】

〈侵害主体〉

以下の点を総合考慮すれば，Y_1は，本件サービスによる本件管理著作物の送信可能化権および自動公衆送信権の侵害主体である。

(1)　本件サービスの性質について

「本件サービスは，ファイルの交換に特化してそのための機能を一体的に備え，市販のCD等の複製に係るMP３ファイルという特定の種類のファイルの送受信に非常に適したものであり，そのような利用態様を誘引するものであるという事実に鑑みれば，本件サービスは，市販のCD等の複製に係るMP３ファイルの送受信を惹起するという具体的かつ現実的な蓋然性を有するものといえるから，MP３ファイルの交換に関する部分について，利用者をして，上記のようなMP３ファイルの送信可能化及び自動公衆送信させるためのサービスとしての性質を有する。」

⑵　管理性について

本件サービスのシステムからすれば，「Y_1は，ファイルの交換に必要な機能を有する本件サービスを一体的に提供しており，本件サービスは，市販のCD等の複製に係るMP３ファイルの送受信に適し，それを具体的かつ現実的な蓋然性をもって誘発するものであって，Y_1も本件サービスがそのように利用されることを予想していたものということができるから，Y_1としては，MP３ファイルに限っては，著作権を侵害するものを除去するよう監視し，必要な措置を講ずべき立場にある（侵害の結果の発生を100パーセントは防止することができないとしても，部分的にせよ著作権を侵害するMP３ファイルの交換を阻止できるならば，そのような措置を講じるべきことは当然である）。」

⑶　Y_1の利益の存在について

「本件サービスの提供に関し，Y_1は広告料という直接の利益を得ているし，本件サービスが広告媒体としての価値を有しないともいえない。また，本件サービスにおいて，市販のCD等の複製に係るMP３ファイルの送受信ができることはその利用者を吸引し増やす最も大きな力であり…，利用者が増えれば，将来的には，サービスの有料化ないし広告媒体としての活用等により，本件サービスの商業的価値が増すことは明らかである。」

〈役員の責任〉

「Y_1は有限会社であり，Y_2は，その取締役の地位にあるところ，Y_1は，Y_2の個人会社であり，Y_1の活動はY_2の活動と同視できるから，本件サービスの提供はY_2の行為であると解して差し支えない。そして，本件サービスの運営により原告の送信可能化権および自動公衆送信権を侵害したことについて，Y_2に過失が認められ，したがって，Y_2には不法行為が成立し（民法709条），Y_2は，Ｘが上記侵害によって被った損害を賠償する責任がある。」

【損害】

損害額合計：3450万円

①使用料相当額：3000万円

Ｘの使用料規程を形式的に適用すると２億7932万8000円となるが，Y_1サーバに接続しているパソコンの共有フォルダに蔵置されている電子ファイルは平均で54万弱であったこと等によれば，送信可能化されているすべての本件各管理著作物について，当該使用料規程が想定する月に90.9回ダウンロードするというのは過大であり，この点を考慮するのが相当であるとしたうえ，本件の性質上，その他に，Ｘの損害を立証することは困難であるとして，著作権法114条の４により，２億7932万8000円の概ね10分の１に相当する3000万円をもって使用料相当額とみるのが相当

②弁護士費用：450万円

本件は，電子ファイル交換に不可欠な機能を提供しているサービス提供事業者が，電子ファイルの交換によって大量の著作権侵害の発生を予想しながら（裁判所の認定によれば，送受信の対象としているMP３ファイルのうちの約96.7％が市販のレコードを複製した電子ファイルである），著作権侵害を除去する有効な措置を講じていなかったことが，主体性を認定された大きなポイントとなっている。本件は，やはり権利侵害が発生する蓋然性の高いサービスにおいては，事業者は，できる限り著作権侵害を除去する措置を講ずるよう努める必要があることを示唆している。

また，本件では，代表者個人も訴えられている。本件のような訴訟では，権利侵害について，サービス提供事業者だけでなく役員個人も不法行為または共同不法行為責任を問われる場合があることは，前記２(2)で述べたとおりである。

7 クラウドサービス提供事業者に対する訴訟

(1) クラウドサービスとは

クラウドサービスとは，簡単に言えば，ユーザーが手元の端末で利用していたデータやソフトウェアをインターネット経由で利用するサービスである[18]。厳密に定義する実益はないので，次頁の【図表１－１】のようなイメージのサービスであると理解しておけば十分である。

【図表１－１】クラウドサービスのイメージ

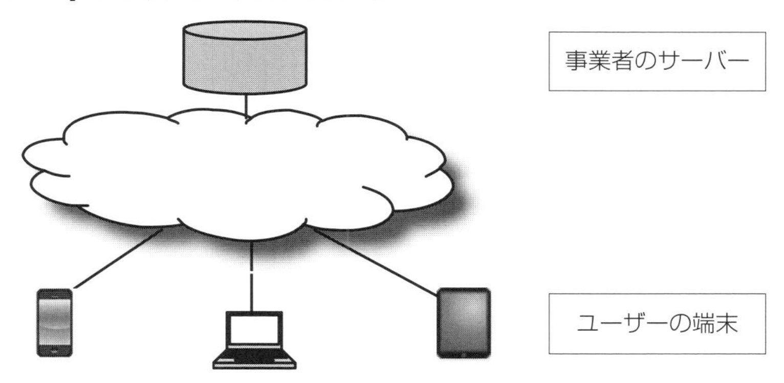

クラウドサービスの典型的なサービスは，いわゆるロッカー型サービスである。ロッカー型サービスとは，クラウド（インターネット）上のサーバーに保存されているコンテンツを，ユーザーが自らのさまざまな携帯端末等において利用できるサービスであり，ユーザー側でコンテンツを用意するもの（ユーザーがコンテンツをアップロードする場合），事業者側でコンテンツを用意す

18　クラウドサービスのビジネスモデルとしては，たとえば，①アプリケーション（ソフトウェア）をインターネットを介して提供するサービス（Software as a Serviceを略してSaaSと呼ばれる），②アプリケーションを稼働させるための基盤（プラットフォーム）をインターネットを介して提供するサービス（Platform as a Serviceを略してPaaSと呼ばれる），③サーバー，CPU，ストレージなどのインフラをインターネットを介して提供するサービス（Infrastructure as a Service，Hardware as a Serviceを略してIaaS，HaaSなどと呼ばれる）の３類型が挙げられている。

るもの（事業者がコンテンツを配信する場合），特定の一人のユーザーのみがコンテンツにアクセスできるもの，複数のユーザーがコンテンツにアクセスできるもの，あるいはこれらを組み合わせたものなどさまざまなタイプのサービスがある[19]。

ロッカー型サービスの場合，ユーザーが手元の端末からデータを外部のデータセンター等に設置されたサーバ等に複製・送信することになるため，特に当該データが他人の著作物であったような場合には，著作権侵害の問題が生じ得る。

⑵　クラウドサービス提供事業者の法的責任が問題となった裁判例

クラウドサービス提供事業者の法的責任が問題となった代表的な裁判例としては，以下のMYUTA事件がある。この事件は上記**第２節**②⑴の類型❶（権利侵害行為への関与の程度等を総合して侵害行為者（侵害主体）と評価される場合）にあたるケースである。

この事件は，訴訟戦略の面から言うと，サービス事業者側から権利者側に対し，サービスが著作権侵害ではないことの確認（著作権侵害の不存在の確認）を求めて訴訟を提起した点に特徴がある。結果的には，サービスは著作権侵害と判断されて，「やぶ蛇」となってしまったが，新規のサービスについて，適法なのか違法なのかの判断が難しく，権利者側と見解が分かれて主張が平行線となってしまった場合には，サービス事業者側からあえて権利者側に権利侵害の不存在の訴訟を提起するという方法も戦略的にはあり得る。

19　文化庁委託事業平成23年11月「クラウドコンピューティングと著作権に関する調査研究報告書」，平成27年２月文化庁文化審議会著作権分科会著作物等の適切な保護と利用・流通に関する小委員会「クラウドサービス等と著作権に関する報告書」参照。

■MYUTA事件[20]

【事案】

パソコンと携帯電話のインターネット接続環境を有するユーザを対象として，「MYUTA」の名称により，CD等の楽曲を自己の携帯電話で聴くことができるようにするサービス（本サービス）を提供する事業者であるXが，著作権管理事業者であるY（JASRAC）に対して，当該サービスが著作権侵害にあたらないことの確認を求めて訴訟を提起した事案

【サービス構成】

本サービスは，以下の図のように，CD等に収録された音楽データをユーザのパソコン上でXから配布されたソフトウェア（本件ユーザソフト）により携帯電話で再生できる形式のファイル（3G2ファイル）に変換したうえでインターネットを経由して事業者の運営するサーバのストレージにアップロードし，ユーザが登録した携帯電話にダウンロードできるようにするサービスである。

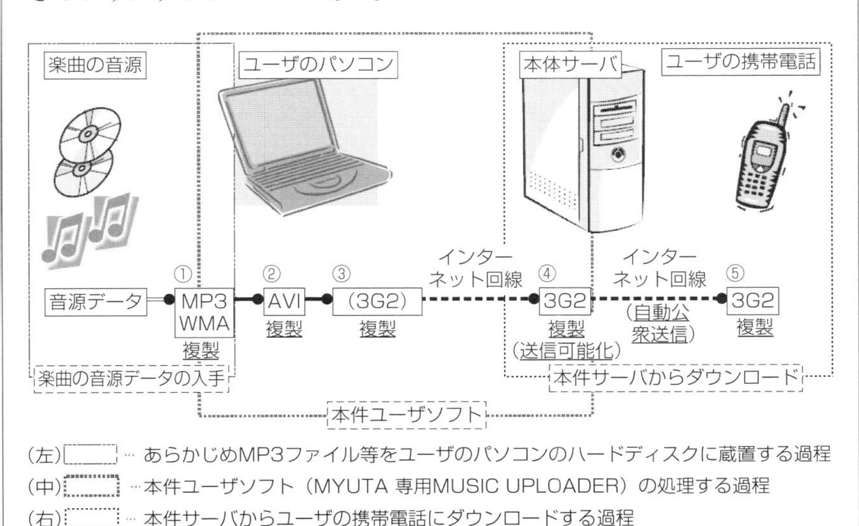

20　東京地判平19・5・25判タ1251号319頁。

【主たる争点】

⑴　複製権侵害の主体（サーバにおける3G2ファイルの複製行為の主体）

⑵　自動公衆送信主体（サーバからユーザの携帯電話に向けた3G2ファイルを送信〔ダウンロード〕の主体）

【判旨】

⑴　複製権侵害の主体

以下の①～⑥の事情を認定し，①～⑥に照らせば，本件サーバにおける3G2ファイルの複製行為の主体は，Xというべきであると判示した。

①Xの提供しようとする本件サービスは，パソコンと携帯電話のインターネット接続環境を有するユーザを対象として，CD等の楽曲を自己の携帯電話で聴くことができるようにするものであり，本件サービスの説明図④の過程において，複製行為が不可避的であって，本件サーバに3G2ファイルを蔵置する複製行為は，本件サービスにおいて極めて重要なプロセスと位置付けられること。

②本件サービスにおいて，3G2ファイルの蔵置および携帯電話への送信等中心的役割を果たす本件サーバは，Xがこれを所有し，その支配下に設置して管理してきたこと。

③Xは，本件サービスを利用するに必要不可欠な本件ユーザソフトを作成して提供し，本件ユーザソフトは，本件サーバとインターネット回線を介して連動している状態において，本件サーバの認証を受けなければ作動しないようになっていること。

④本件サーバにおける3G2ファイルの複製は，上記のような本件ユーザソフトがユーザのパソコン内で起動され，本件サーバ内の本件ストレージソフトとインターネット回線を介して連動した状態で機能するように，原告によってシステム設計されたものであること。

⑤ユーザが個人レベルでCD等の楽曲の音源データを携帯電話で利用することは，技術的に相当程度困難であり，本件サービスにおける本件サー

バのストレージのような携帯電話にダウンロードが可能な形のサイトに音源データを蔵置する複製行為により，初めて可能になること。

⑥ユーザは，本件サーバにどの楽曲を複製するか等の操作の端緒となる関与を行うものではあるが，本件サーバにおける音源データの蔵置に不可欠な本件ユーザソフトの仕様や，ストレージでの保存に必要な条件は，Xによってあらかじめシステム設計で決定され，その複製行為は，専ら，Xの管理下にある本件サーバにおいて行われるものであること。

(2)　自動公衆送信主体

送信行為の主体についても，同種の判断手法を採用し，サービス事業者が自動公衆送信行為の主体であると判示した。

本判決の判示するように，上記の①～⑤のような事情があれば，複製の主体となってしまうのであるとすると，現在適法と考えられているストレージサービスの提供事業者も複製の主体となってしまう懸念がある。

MYUTA事件は，後述のまねきTV事件の保全事件の決定とほぼ同時期に東京地裁の同一部に係属していた事件であるが，結論として，まねきTV事件のサービスを適法とし，MYUTA事件のサービスを違法とした。しかし，その後，まねきTV事件のサービスは最高裁で違法となったが，MYUTA事件は控訴されなかったため，上級審の判断は示されないまま確定した。仮定の話ではあるが，もしMYUTA事件がまねきTV事件およびロクラクⅡ事件の最高裁判決後に判断されていれば，結論が変わった可能性があり，現時点では，MYUTA事件の先例性は乏しくなったといえる。

コラム　ロッカー型サービスのストレージサーバーは「公衆用設置自動複製機器」？

著作権法は，私的使用目的の場合（個人的にまたは家庭内その他これに準ずる限られた範囲内での使用を目的とする場合）には，著作権者の許諾を得なくても，その使用する者は著作物を複製することができる旨を定めている（同法30条１項）。

しかし，私的使用目的の複製であっても，「公衆の使用に供することを目的として設置されている自動複製機器（複製の機能を有し，これに関する装置の全部又は主要な部分が自動化されている機器をいう。)」(以下「公衆用設置自動複製機器」という）を用いた複製については，私的使用目的複製の権利制限規定は適用されないこととされている（同項１号)。そのため，もしロッカー型サービスのストレージサーバーが公衆用設置自動複製機器にあたるのであれば，当該サーバー上の複製については，私的使用目的複製の権利制限規定の適用はなく，ユーザーの行為は違法ということになる。

そこで，ロッカー型サービスのストレージサーバーが，公衆用設置自動複製機器にあたるかが問題となる。

確かに，同号の文言や同号の趣旨は第三者の関与の排除にあることに主眼があると考えた場合には，ロッカー型サービスのストレージサーバーも公衆用設置自動複製機器に該当するようにも思われる。

しかし，公衆用設置自動複製機器を用いた私的使用目的の複製を権利制限の対象としないこととした趣旨は，立法当時（昭和50年代)，コピー業者が自らレコードをコピーすると複製権の侵害になることから，その代わりに，ユーザーに高速ダビング機器を使用させてレコードのコピーを作成させるといった一種の法律回避が横行し，これにより，反復継続的に使用可能な有形物が大量に複製されるという事態が生じていたため，そうした事態に対処するためである。当然のことながら，立法当時には，今日のストレージサーバーのようなものは想定されていなかった。

これに対し，ロッカー型サービスのストレージサーバーでの複製は，外部の記録媒体（USBメモリー，外付けハードディスク，SDカード等）へ記録することの延長線上のものとして，家庭内での複製と同視することも可能であり，また，ストレージサービスの利用を認めることにより権利者に生じる不利益も軽微であると考えられる。

以上のことからすると，この点に関する裁判例は存在しないものの，公衆用設置自動複製機器は，上記の立法趣旨から，反復継続的に使用可能な有形媒体を大量に複製することを目的とする機器に限定し，ロッカー型サービスのストレージサーバーはこれに該当しないと考えるべきであろう。

このように解さないと，現在のクラウドサービス（特にロッカー型サービス）における複製は違法ということになり，実務に多大な影響が生じることになる。

第4節

裁判所の見解が紆余曲折した裁判例
―まねきTV事件・ロクラクⅡ事件

インターネット関連サービスの提供事業者に対する権利侵害訴訟では，担当裁判官によって，関連する技術や法令の理解の程度に差があるだけでなく，他の既存サービスや将来発生する可能性があるサービスへの影響をどの程度考慮するかという判断姿勢も異なるため，担当裁判官によって見解が分かれるケースがしばしば見られる。このようなケースの代表例としては，「まねきTV事件」と「ロクラクⅡ事件」が挙げられる。

この2つの事件は，いずれもインターネットを利用したテレビ番組の遠隔視聴サービスの適法性が問題となった事件であり，最終的に，最高裁において，いずれのサービスも違法という結論となったものの，下級審における裁判所の見解は紆余曲折した。

この2つの事件は，まさにインターネット関連サービスの提供事業者に対する権利侵害訴訟の難しさを現すものであり，三審制の意義があった事件でもある。

1　2つの事件の背景等

(1)　通信技術等の発展

インターネットにおける通信技術の進歩と機器の低廉化により，テレビ放送を受信して，これをインターネットを介して転送し，個人の保有するインターネット端末で受信することができるようにする機器（個人用TV遠隔視聴機器）が販売されるようになった。

このような機器を購入すれば，たとえば，札幌から東京に単身赴任している者が，テレビの受信機能とインターネットへの送信機能のあるサーバー（親機）を地元の本宅に設置して，手元の端末においてインターネット経由で札幌のローカル番組を視聴することが可能となる。このような視聴の方法は，テレビの録画が「タイムシフティング」と呼ばれているのになぞらえて，「プレイスシフティング」と呼ばれたりした。このような機器には，録画機能があるものと録画機能がないものがある。

個人が自宅にこのような機器を設置して，当該個人やその家族が受信して視聴する場合には，録画機能がある親機で行う録画は，私的使用目的複製となるため，著作権や著作隣接権が制限される（著作権法30条1項・102条1項）。また，設置者の家族が視聴するためのテレビ番組の再送信は，公衆によって受信されることを目的とするものではないため，公衆送信権（著作権法23条），送信可能化権（著作権法99条の2）の対象にはあたらないことになる。したがって，そのような範囲でこのような機器を利用して視聴するのであれば，権利者の許諾を得る必要はなく，このような機器を販売しても違法ではない。

しかし，その後，個人用TV遠隔視聴機器の親機を，各利用者個人から預かったということにして，事業者の用意する場所（アンテナ接続とインターネット接続が行われる場所）に設置し，インターネット経由でテレビ番組の遠隔視聴を可能にするサービスを提供する事業者が現れるに至った。

(2)　録画ネット事件

上記のようなインターネット経由でのテレビ番組の遠隔視聴サービスが最初に裁判で問題となったのは，録画ネット事件[21]であった。この事件では，以下のとおり，当該サービスの提供は違法とされたが，その後のまねきTV事件，ロクラクⅡ事件では，裁判所の判断は紆余曲折することになる。

【事案】

テレビ局であるXらが，「録画ネット」という名称のサービス（本件サービス）を提供していた事業者Yを相手方とし，本件サービスにおいて，事業者Yがテレビ放送（本件放送）に係る著作隣接権（複製権）を侵害

21　東京地決平16・10・7判時1895号120頁。

していると主張して，サービスの差止めと損害賠償を請求した事案

【本件サービス概要（システム構成）】

本件サービスにおいて，Yは，以下の図のように，利用者ごとに1台ずつ割り当てたテレビチューナー付きのパソコン（テレビパソコン）を，Y事務所内にまとめて設置し，テレビアンテナを接続するなどしてテレビ放送を受信可能な状態にするとともに，各利用者がインターネットを通じてテレビパソコンを操作してテレビ放送を録画予約し，録画されたファイルを海外の自宅等のパソコンに転送できる環境を提供していた。

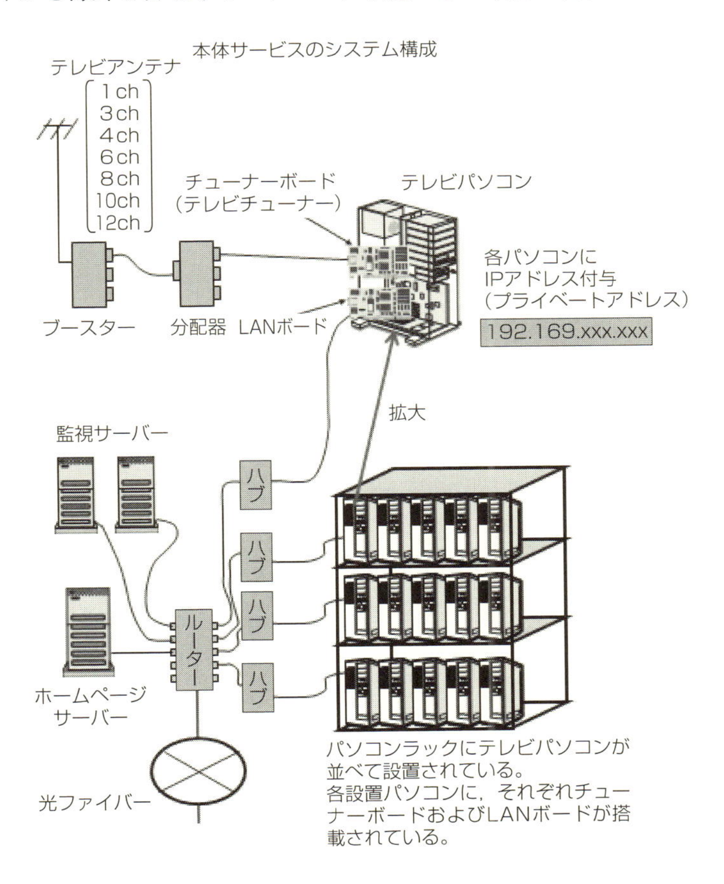

【主たる争点】

本件サービスにおける複製の主体はサービス提供事業者であるＹか，サービスの利用者か

【判旨】

以下の①～⑤の事実を認定したうえ，サービス提供事業者であるＹが主体であると判断し，本件サービスを違法とした。

① 本件サービスは，海外に居住する利用者を対象に，日本の放送番組をその複製物によって視聴させることのみを目的としたサービスである。

② 本件サービスにおいては，Ｙ事務所内にＹが設置したテレビパソコン，テレビアンテナ，ブースター，分配機，本件サーバー，ルーター，監視サーバー等多くの機器類ならびにソフトウェアが，有機的に結合して１つの本件録画システムを構成しており，これらの機器類およびソフトウェアはすべてＹが調達したＹの所有物であって，Ｙは，上記システムが常時作動するように監視し，これを一体として管理している。

③ 本件サービスで録画可能な放送は，Ｙが設定した範囲内の放送（Ｙ事務所の所在地で受信されたアナログ地上波放送）に限定されている。

④ 利用者は，本件サービスを利用する場合，手元にあるパソコンから，Ｙが運営する本件サイトにアクセスし，そこで認証を受けなければ，割り当てられたテレビパソコンにアクセスすることができず，アクセスした後も，本件サイト上で指示説明された手順に従って，番組の録画や録画データのダウンロードを行うものであり，Ｙは，利用者からの問い合わせに対し個別に回答するなどのサポートを行っている。

⑤ Ｙは，本件サイトにおいて，本件サービスが，海外に居住する利用者を対象に日本の放送番組をその複製物によって視聴させることを目的としたサービスであることを宣伝し，利用者をして本件サービスを利用させて，毎月の保守費用の名目で利益を得ているものである。

2　まねきTV事件

(1)　事案の概要

まねきTV事件は，テレビ局であるＸらが，「まねきTV」という名称のサービス（以下「本件サービス」という）を提供していた事業者Ｙを相手方とし，本件サービスにおいて，事業者ＹがＸらの保有するテレビ番組（本件番組）に係る著作権（公衆送信権）およびテレビ放送（本件放送）に係る著作隣接権（送信可能化権）を侵害していると主張して，サービスの差止めと損害賠償を請求した事案である。

本件サービスにおいて，事業者Ｙは，【図表１－２】のとおり，利用者が所有するベースステーションと呼ばれる機器（地上波アナログ放送のテレビチューナーを内蔵し，受信したテレビ放送を利用者からの求めに応じてデジタル化して１対１で対応する利用者のパソコン等に自動的に送信する機能を有する機器）を事務所内に設置し，ベースステーションをテレビアンテナ（事務所内のアンテナ端子）とインターネット回線をつないで，パソコン等を有する利用者がインターネット経由でテレビ番組を視聴できるようにしていた。

【図表１－２】　まねきTV事件におけるサービスのシステム構成

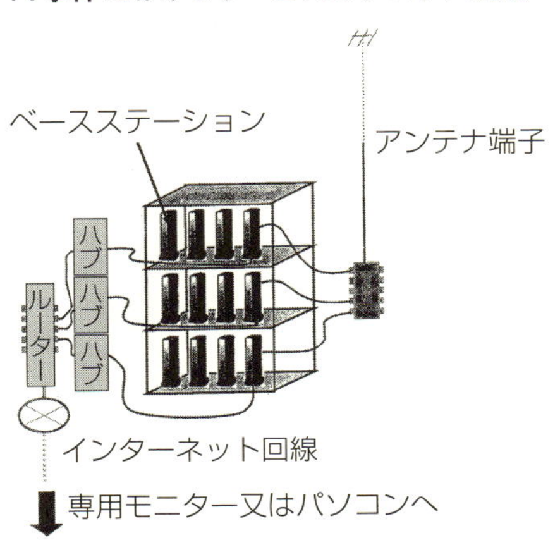

まねきTV事件の主たる争点は，本件サービスにおける本件番組および本件放送の送信行為の主体は事業者Yなのか，それとも利用者なのか，という点である（なお，本件サービスでは，テレビ番組やテレビ放送の録画は行われていなかったため，複製行為の主体は問題となっていない）。

仮に送信行為の主体が利用者であるとすれば，利用者は自分から自分に対して本件番組および本件放送を送信しているだけで，公衆によって受信されることを目的とする送信を対象とする公衆送信権や送信可能化権の侵害にはならないことになる。他方，事業者Yが送信行為の主体であるとすると，事業者Yから利用者に対して本件番組および本件放送を送信していることになるため，公衆送信権や送信可能化権の侵害の問題が生じることになる。この事件は，上記**第2節[2](1)類型❶**の典型例といえる。

【図表1－3】「まねきTV事件」の経過

経　過			サービスの適法性（主体）
＜保全事件＞			
平18・8・4	東京地裁（民事第47部）	X仮処分命令申立却下	適法（利用者）
平18・12・22	知財高裁（第3民事部）抗告審	X抗告棄却	適法（利用者）
		許可抗告不受理	適法（利用者）
＜本案訴訟＞			
平20・6・20	東京地裁（民事第47部）第1審	X請求棄却	適法（利用者）
平20・12・15	知財高裁（第4民事部）第2審	X控訴棄却	適法（利用者）
平23・1・18	最高裁（第1小法廷）	破棄差戻し	違法（事業者）
平24・1・31	知財高裁（第3民事部）差戻審	X請求一部認容	違法（事業者）

(2)　下級審の判断と変遷

①　保全事件　東京地決平18・8・4裁判所HP〔平成18年(ヨ)22022号等〕

Xらは，最初に本件サービスの差止めの仮処分命令を申し立てている。知的財産権侵害の訴訟の場合には，本案訴訟に先立ってまたは同時に侵害行為の差止めを求める仮処分命令を申し立てることは通常よく行われている。この仮処分命令申立事件においては，Xらは，テレビ番組の著作権（公衆送信権）侵害は問題とされておらず，テレビ放送の著作隣接権（送信可能化権）の侵害のみを問題としている。

これは，テレビ番組の著作権侵害を問題とした場合，対象となる個々のテレビ番組を特定する必要があるが，仮に当該テレビ番組の著作権侵害が認められても，当該テレビ番組の送信しか差し止めることができないのが原則であるため，本件サービスにおけるすべての送信を差し止めるのであれば，周波数だけで特定できるテレビ放送の著作隣接権侵害のみを問題としたほうが簡明だからである。

Ｘらの主張の論旨は，当初，以下のようなものであった。

①　送信可能化とは，インターネットに接続された「自動公衆送信装置」に情報を「入力」（または「接続」）して，自動公衆送信し得るようにすることである。

②　ベースステーションに情報を「入力」（または「接続」）しているのは，Ｙである。

③　Ｙからみたら顧客は，公衆（不特定または多数）である。

④　ベースステーションは，１対１機能しかなくても，Ｙからみて公衆に情報を自動的に送信し得る機能があるので「自動公衆送信装置」に該当する。

⑤　よって，Ｙの行為は，本件放送の送信可能化である。

かかる主張は，データセンター内（アンテナからベースステーションまでの間）におけるＹの物理的な行為が送信可能化の構成要件に該当することを出発点としたシンプルな論理であり，論理の流れとしては，後の最高裁の判決の内容に近いものであった。

これに対し，東京地裁は，①本件サービスに使用される機器の中心となるベースステーションは利用者が所有するものであり，その余は汎用品であること，②１台のベースステーションから送信される放送データを受信できるのはそれに対応する１台のパソコン等に限られること，③利用者のベースステーションは，他の利用者のベースステーションとは全く無関係に稼働し，それぞれ独立しているため，相手方が保管する複数のベースステーション全体が一体のシステムとして機能しているとは評価し難いこと，④１台のベースステーションからは，当該利用者の選択した放送のみが，当該利用者のパソコン等のみに送信され，この点に債務者の関与はないこと，⑤利用者によるベースステーションへのアクセスに特別な認証手順を要求するなどして，利用者による放送の視聴を管理していないこと，を認定して，ベースステーションから利用者の手元のパソコン等までの送受信の主体は利用者であるとしたうえ，ベースステーションによる放送データの送信は，利用者から利用者への１対１であるから，ベースステーションは「自動公衆送信装置」にあたらないと判断した。

上記の仮処分決定の問題点は，アンテナから利用者の手元のパソコン等までの一連の送信を，アンテナからベースステーションと，ベースステーションから利用者のパソコン等までの２つに分けたうえ，アンテナからベースステーションまでの間の送信は無視し，ベースステーションから利用者のパソコン等までの間の送信について送信の主体が誰かを検討している点である。

アンテナからベースステーションまで本件放送を入力しているのは物理的にも事業者Ｙであることは間違いなく，Ｙが本件放送をベースステーションに入力すれば，本件放送はベースステーションで自動的に送信し得る状態となり，その後は利用者からの求めに応じて，自動的に利用者に送信されていくだけであるから，アンテナからベースステーションまでの間でＹが行っていることに着目すれば，アンテナから利用者のパソコン等までの一連の送信の主体もＹということになるのが自然である。しかし，仮処分決定は，Ｙによるアンテナからベースステーションまでの間の放送波の送信（入力）については全く重視しなかった。

この点，仮処分決定も，アナログ放送波がアンテナからベースステーションに「流入している」ことは認めていたが，アナログ放送派がデジタル化されなければインターネット回線を通じて送信できないので，アナログ放送波の流入によっては，利用者に自動的に送信し得る（「自動公衆送信し得る」）状態にならず，利用者の選択（利用者からの求め）があった場合のみ送信し得る状態になると説示していた。

かかる説示からは，インターネット通信やデジタル・アナログ変換に関する裁判所の誤解（認識不足）があることがうかがえる。というのも，インターネット通信は，インターネット上のサーバに情報をアップロードすれば，受信者に自動的に送信されるわけではなく，受信者から送信の求めがあって初めて受信者に当該情報が送信されるというインタラクティブ送信であるから，仮処分決定が説示する，利用者の選択（利用者からの求め）があった場合にのみ送信し得る状態になるというのは，インターネット通信における当然のことを言っているにすぎない。

また，著作権法99条の２は，放送事業者に対し，デジタル放送またはアナログ放送にかかわらず，放送の送信可能化権を付与しているが，仮処分決定のように，アナログ放送はデジタル化されなければ，「自動公衆送信し得る」状態にならないとすると，アナログ放送時代には，同条の送信可能化権が働く場面はなかったということになり，同法99条の２が有名無実化することになる。ベースステーションにおけるアナログ放送のデジタル化は，利用者の選択によって自動的に行われる以上，アナログ放送がベースステーションに流入すれば，「自動公衆送信し得る」状態になっていると理解するのが正しい理解である。

②　保全事件（抗告審）　知財高判平18・12・22裁判所HP〔平成18年（ラ）10009号等〕

Xらは，上記の仮処分決定を不服として，知財高裁に抗告したが，抗告審決定も，基本的に仮処分決定を引用して，Xらの抗告を棄却した。

抗告審の決定で特徴的なのは，仮処分決定に加えて，以下のとおり説示している点である。

①　ベースステーションは「１対１」の送信を行う機能のみを有するものであって，「自動公衆送信装置」に該当するものではない。

②　アンテナが単独で他の機器に送信する機能を有するものではなく，受信機に接続して受信設備の一環をなすものであることは技術の常識である。

上記①の説示の問題点は，「１対１」の送信を行う機能のみを有する機器はおよそ「自動公衆送信装置」ではないと読める点である。仮処分決定では，ベースステーションから利用者のパソコン等までの送信の主体が誰かを検討したうえで，当該送信に用いられるベースステーションが「自動公衆送信装置」に該当するかを検討していたが，抗告審の説示によれば，ベースステーションから利用者のパソコン等までの送信の主体が誰かに関係なく，ベースステーションのような「1対1」の送信を行う機能のみを有する機器を使いさえすれば，公衆送信権（送信可能化権）侵害の問題は生じないことになる。インターネットにおける通信は，受信者側の送信要求があってはじめて当該送信要求をしてきた受信者に送信されるというインタラクティブ送信であるから，サーバーと受信端末の間の通信は基本的には「1対1」である。また，電子メールなども基本的には送信側と受信側で「1対1」で送信されるものである。抗告審の説示するように「1対1」の機器であることを強調しすぎると，その機器を利用した著作権や著作隣接権侵害がやり放題となってしまう懸念がある。

また，上記②の説示の問題点は，仮処分決定と基本的には同様である。アンテナからベースステーションまでの送信は引き続き無視されている。仮処分決定では，「流入」という言葉でアンテナからベースステーションまでの送信を説明していたが，抗告審の決定では，アンテナから分岐させて送信しても送信ではないことは「技術の常識」の一言で片付けられている。しかし，抗告審の説示する「技術常識」によれば，たとえば，アンテナから分岐させて送信しているテレビ放送の難視聴地域へのCATVの同時再送信も，公衆送信ではないということになってしまう。

これに対し，Xらは，抗告審決定を不服として，知財高裁に対して最高裁への許可抗告の申立てを行ったが，知財高裁は，最高裁への抗告を不許可とした。これにより，まねきTV事件の舞台は，保全事件から本案訴訟に移ることになる。

③　本案訴訟（第1審）　東京地判平20・6・20裁判所HP〔平成19年（ワ）5765号〕

知的財産権の侵害訴訟の場合，仮処分事件の本案訴訟は，基本的に仮処分決定を行った部と同一の部に係属する（本件では仮処分事件も本案訴訟も同じ東京地裁民事第47部に係属している）。そのため，本案訴訟で仮処分決定の結論が覆される可能性は低いのが実情である。

本件においても，本案訴訟の第１審判決は，仮処分決定および抗告審決定を基本的に踏襲し，本件サービスにおける送信行為の主体は利用者であるとし，本件サービスを適法と判断して，Ｘらの請求は棄却された。

本案訴訟の第１審判決は，①Ｙが行っているのは，ベースステーションとアンテナ端子およびインターネット回線とを接続してベースステーションが稼働可能な状態に設定作業を施すことと，②ベースステーションをＹの事務所に設置保管して，放送を受信することができるようにすることである。他方，利用者は，①本件サービスを利用しなくても自宅に設置すれば視聴可能，取付け・設定作業は利用者自らも行うことができる　②Ｙは利用者の寄託を受けて設置保管しているにすぎない，ことなどを挙げて，利用者を送信の主体とした。

「自動公衆送信装置」の点については，送信者にとって当該送信行為の相手方が不特定または特定多数の者に対する送信をする機能を有する装置であることが必要であるとしたうえ，上記のとおり利用者が送信者であるから，「自動公衆送信装置」にあたらないと判示した。

抗告審決定が説示していたような，「１対１」の送信を行う機能のみを有するものは「自動公衆送信装置」に該当しない，といった極端な見解は採用しなかったが，抗告審決定と同様，アンテナからベースステーションまでの送信（入力）については，「技術常識」に照らして，ベースステーションへの送信を行ったことにならないと判示した。

仮処分決定，抗告審決定，本案訴訟第１審に共通するのは，本件サービスにおけるアンテナからベースステーションを経て利用者の手元のパソコンまでの一連の送信のうち，ベースステーションから手元のパソコンまでの送信が重視され，Ｙが行っているアンテナからベースステーションまでの送信（入力）の部分が基本的に無視されているという点である。

特に抗告審決定および本案訴訟第１審は，本件サービスは適法にすべきであるとの価値判断が働いていたためか，具体的な根拠を示すことなく，「技術の常識」というマジックワードを用いて，アンテナからベースステーションまでの送信自体を否定している。しかし，テレビ放送の難視聴解消のためのCATVの同時再送信は，テレビ放送の送信（著作権法23条１項の「公衆送信」）と異論なく理解されており，裁判所の判示する「技術の常識」なるものは，かかる一般的な理解と全く反するものであった。

④　本案訴訟（第２審）　知財高判平20・12・15判時2038号110頁

第１審判決を受けて，Ｘらは，本案訴訟の控訴審では，アンテナからベースステーションまでの送信（入力）を強調した議論を展開した。すなわち，Ｘらは，従前の主張に加えて，本案訴訟第１審の判断を前提として，仮にベースステーションから手元のパソコン等までの送信の主体が利用者であったとしても，アンテナからベースステーションまでが「有線電気通信の送信」として「公衆送信」に該当すると主張した。

しかし，知財高裁は，以下のとおり判示し，控訴を棄却した。

すなわち，まず，知財高裁は，概略，以下の理由により，送信可能化権侵害を否定した。

①　「自動公衆送信装置」は，公衆によって直接受信され得る無線送信または有線電気通信の送信を行う機能を有するものでなければならないところ，各ベースステーションが行い得る送信は，特定単一のパソコン等に対するもののみであり，ベースステーションは「１対１」の送信を行う機能しか有していないので，あたらない。

②　仮に送信行為者がＹであるとしても，ベースステーションからの送信は特定単一のパソコン等に対するものであり，かつ，利用者は本件サービスに契約を締結し，その契約の内容として，当該ベースステーションをＹの事業所に持参または送信した者であるから，Ｙにとって不特定または特定多数の者（「公衆」）といえない。

しかし，①の１対１の送信を行う機能しか有していなければ「自動公衆送信装置」に該当しないというのは，抗告審決定の説示しているところであるが，上述のとおり，このような機器を用いれば，多数の利用者に対して，送信し放題ということになってしまうという問題点がある。そもそも，その機器が「自動公衆送信装置」であるかどうかによって「自動公衆送信」かどうかが決まるのではなく，「自動公衆送信」に機器を使用すれば，その機器は「自動公衆送信装置」となるはずである。

また，②のＹと利用者は契約を締結しているから，Ｙにとって利用者は不特定または特定多数の者（「公衆」）ではないと言っているが，それだと，極論すれば，WOWOWやスカパーなどの有料放送も契約を締結しているので，当該有料放送事業者にとって契約視聴者は「公衆」ではないということになってしまう。また，カラオケボックスでも，利用者はカラオケ店と契約を締結してカラオケボックスを利用しているから，カラオケ店にとって利用者は「公衆」ではないということになりかねない。

次に，知財高裁は，概略，以下の理由により，公衆送信権侵害を否定した。

③　アンテナから端末までの送信全体は，「自動公衆送信」，「有線放送」に該当しないから，「公衆送信」に該当しない。

④　アンテナからベースステーションまでの送信は，アンテナからベースステーションに「有線電気通信の送信」（入力）を行っている主体はＹであると認めたものの，WIPO著作権条約８条によれば，著作権法２条１項７号の２の「公衆によって直接受信されること」とは，著作物を視聴等することによりその内容を覚知することができる状態になることをいうとし，利用者からの指令があって専用のパソコン等で受信することによって，はじめて視聴等により本件番組の内容を覚知し得る状態となる（すなわち，ベースステーションに入力しただけでは覚知し得る状態にならない）。

しかし，③の説明は論理が破綻している。というのも，「公衆送信」は「自動公衆送信」や「有線放送」を包含する上位概念であるにもかかわらず，「自動公衆送信」や「有線放送」に該当しないから，論理的にも，「公衆送信」に該当しないということにはならない。「公衆送信」かどうかは，あくまでも公衆（不特定または多数）に対する送信かどうかで判断される。

また，④は，Ｙがアンテナからベースステーションまでの送信行為の主体であることを認めた点で仮処分決定，抗告審決定，本案訴訟第１審とは大きく異なるものの，Ｙがアンテナからベースステーションまでの送信を行っていることを認めながら，それが「公衆送信」ではないとする論理は意味不明である。そもそも，「直接受信されること」は，④の解釈によると，セットトップボックス[22]を設置したトランスモジュール方式のCATVは公衆送信ではないということになりかねない。というのも，セットトップボックスに放送が届いただけでは，視聴等により本件番組の内容を覚知し得る状態とならないからである。よりわかりやすい例だと，同報メールによる著作物の一斉送信が挙げられる。

メールサーバに届いただけでは，視聴等により著作物の内容を覚知し得る状態にはならない。④の解釈の場合，同報メールによる著作物の一斉送信はやり放題ということになりかねない。

そもそも，当事者双方が全く主張していないWIPO著作権条約８条の和訳を持ち出して著作権法２条１項７号の２の「公衆によって直接受信されること」を解釈しようとした趣旨も不明だが，WIPO著作権条約８条も原文ではなく，公定訳でもなんでもない和訳から著作権法２条１項７号の２の解釈を試みようとしているところに本件サービスを適法としたいという担当裁判官の強い価値判断が働いていたことがうかがえる。

上記のとおり，結論を維持するためさまざまなところで無理な解釈が生じていた。これを受けて，Ｘらは，上告受理の申立てを行い，最高裁において口頭弁論が開かれることとなった。

⑤　本案訴訟（上告審）　最判平23・1・18民集65巻1号121頁

最高裁は，以下のとおり，Ｙが自動公衆送信の主体であることを認めた。

まず，最高裁は，自動公衆送信の主体について，以下のとおり判示した。

> 「自動公衆送信が，当該装置に入力される情報を受信者からの求めに応じ自動的に送信する機能を有する装置の使用を前提としていることに鑑みると，その主体は，当該装置が受信者からの求めに応じ情報を自動的に送信することができる状態を作り出す行為を行う者と解するのが相当であり，当該装置が公衆の用に供されている電気通信回線に接続しており，これに継続的に情報が入力されている場合には，当該装置に情報を入力する者が送信の主体であると解するのが相当である。」

そのうえで，最高裁は，上記規範を本件に当てはめると，本件サービスにおける送信の主体はＹであるとした。

22　セットトップボックス（STB）とは，テレビとネットワークを接続する機器の総称であり，衛星放送やケーブルテレビの放送信号を受信してその映像をテレビに映したり，放送関連のさまざまなサービスや機能を利用するために必要となる。かつてはテレビの上に設置されることが多かったため，このように呼ばれている。

> 「これを本件についてみるに，各ベースステーションは，インターネットに接続することにより，入力される情報を受信者からの求めに応じ自動的にデジタルデータ化して送信する機能を有するものであり，本件サービスにおいては，ベースステションがインターネットに接続しており，ベースステーションに情報が継続的に入力されている。Ｙは，ベースステーションを分配機を介するなどして自ら管理するテレビアンテナに接続し，当該テレピアンテナで受信された本件放送がベースステーションに継続的に入力されるように設定した上，ベースステーションをその事務所に設置し，これを管理しているというのであるから，利用者がベースステーションを所有しているとしても，ベースステーションに本件放送の入力をしている者はＹであり，ベースステーションを用いて行われる送信の主体はＹであるとみるのが相当である。」（下線は筆者）

また，最高裁は，以下のとおり，「公衆」か否かは，機器から見て判断するのではなく，送信主体から見て判断することを明確にした。

> 「そして，何人も，Ｙとの関係等を問題にされることなく，Ｙと本件サービスを利用する契約を締結することにより同サービスを利用することができるのであって，送信の主体であるＹからみて，本件サービスの利用者は不特定の者として公衆に当たるから，ベースステーションを用いて行われる送信は自動公衆送信であり，したがって，ベースステーションは自動公衆送信装置に当たる。そうすると，インターネットに接続している自動公衆送信装置であるベースステーションに本件放送を入力する行為は，本件放送の送信可能化に当たるというべきである。」（下線は筆者）

さらに，保全事件の抗告審以来，１対１の送信機能しかない装置は「自動公衆送信装置」に該当しないのではないかということが問題となっていたが，最高裁は，以下のとおり，その機器があらかじめ設定された単一の機器宛てに送信する機能しか有しない場合であっても，その機器を用いて行われる送信が自動公衆送信であるといえるときは，「自動公衆送信装置」にあたることを明確に判示し，この問題に決着をつけた。

「自動公衆送信は，公衆送信の一態様であり（同項（注：著作権法２条１項）９号の４），公衆送信は，送信の主体からみて公衆によって直接受信されることを目的とする送信をいう（同項７号の２）ところ，著作権法が送信可能化を規制の対象となる行為として規定した趣旨，目的は，公衆送信のうち，公衆からの求めに応じ自動的に行う送信（後に自動公衆送信として定義規定が置かれたもの）が既に規制の対象とされていた状況の下で，現に自動公衆送信が行われるに至る前の準備段階の行為を規制することにある。このことからすれば，公衆の用に供されている電気通信回線に接続することにより，当該装置に入力される情報を受信者からの求めに応じ自動的に送信する機能を有する装置は，これがあらかじめ設定された単一の機器宛てに送信する機能しか有しない場合であっても，当該装置を用いて行われる送信が自動公衆送信であるといえるときは，自動公衆送信装置に当たるというべきである。」

その後，まねきTV事件は知財高裁に差し戻され，差戻審[23]は，Ｘらの請求を一部認容して，本件サービスの差止めと損害賠償の支払を命じた。

コラム　最高裁において口頭弁論が開かれることの意味

最高裁は，法律審であるため，通常，審理は書面審理により行われ，口頭弁論を開かないで上告棄却の判決または上告不受理の決定を出すことができる（ほとんどのケースでは上告または上告受理の申立てを行ってから数カ月後に要件を満たさないとの理由で上告が棄却または不受理とされている）。

他方，最高裁は，当事者から直接聴いたほうがよいと判断するときは，口頭弁論を開いて意見を述べる機会を設けることも可能であり，また高裁判決を覆す場合には，口頭弁論を開く必要がある。

ただし，口頭弁論を開いたからといって，必ず高裁判決を覆さなければならないわけではない。実際に，最判平13・２・13民集55巻１号87頁〔ときめきメモリアル事件〕では，最高裁で口頭弁論が開かれたものの，高裁判決の結論が維持さ

23　知財高判平24・１・31判時2142号96頁。

れている。

もっとも，ときめきメモリアル事件のようなケースは極めて希であり，上告が受理されたほとんどのケースでは，最高裁で口頭弁論が開かれると，高裁判決が覆されているのが実情である。そのため，実務上は，最高裁で口頭弁論が開かれるか否かによって，判決の結論を予測することが可能となる。すなわち，上告または上告受理申立てをした者は，最高裁から口頭弁論を開く旨の連絡があれば，逆転勝訴を期待し，口頭弁論を開く旨の連絡がなければ，敗訴を覚悟するのである。

なお，双方から上告または上告受理の申立てがあった場合には，最高裁から口頭弁論を開くことの連絡があっても，その事実のみでは，どちらが勝訴するのかを予測することは困難である。

3　ロクラクⅡ事件

(1)　事案の概要

本件は，テレビ局であるＸらは，【図表１－４】に記載のとおり，録画機能付き個人用TV遠隔視聴機器「ロクラクⅡ」の親機を日本国内に設置し，テレビアンテナを接続するとともに，これに対応する子機を利用者に貸与することによって，日本国内で放送されるテレビ番組を当該利用者が録画視聴できるようにするサービス（以下「本件サービス」という）を行っていた事業者Ｙを相手方として，Ｙの行為がＸらの有する著作権（複製権）および著作隣接権（複製権）を侵害するとして，当該サービスの差止めおよび損害賠償を請求した事案である。

ロクラクⅡ事件の主たる争点も，本件サービスにおける本件番組および本件放送の複製の主体は事業者Ｙなのか，それとも利用者なのか，という点である（まねきTV事件と異なり，本件サービスではテレビ番組やテレビ放送の録画が行われていたため，送信行為ではなく，複製の主体が問題となっている）。

仮に複製の主体が利用者であるとすれば，利用者は自ら視聴するために複製しているだけであって，私的使用目的による使用する者の複製が複製権侵害とならないことを定めた著作権法30条１項により複製権侵害にはならないことになる。他方，事業者Ｙが複製の主体であるとすると，著作権法30条１項は適用されないので，複製権侵害の問題が生じることになる。この事件も上記の類型❶の典型例である。

【図表1－4】本件サービスのシステム構成

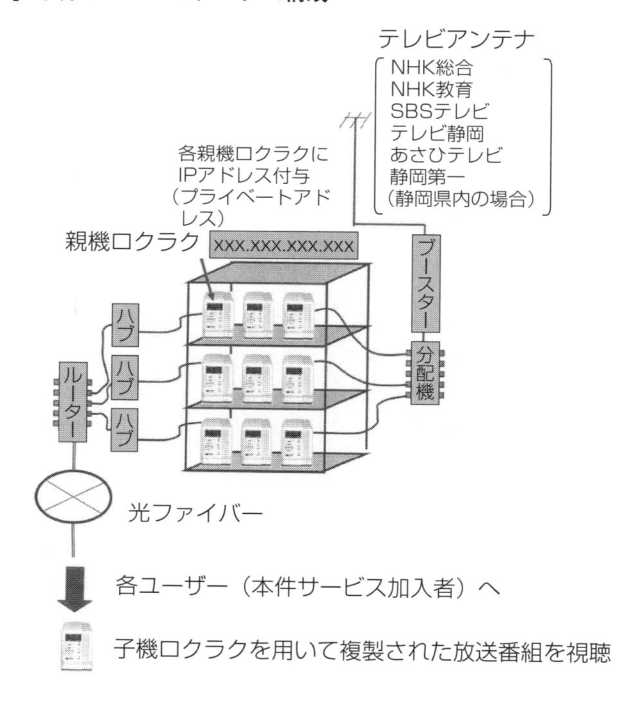

【図表1－5】「ロクラクⅡ事件」の経過

経　過	サービスの適法性（主体）
＜保全事件＞ 平19・3・30　東京地裁（民事第29部）X仮処分命令申立認容	違法（事業者）
＜本案訴訟＞ 平20・5・28　東京地裁（民事第29部）第1審　X請求一部認容	違法（事業者）
平21・1・27　知財高裁（第4部）第2審　原判決取消し	適法（利用者）
平23・1・20　最高裁（第1小法廷）　破棄差戻し	違法（事業者）
平24・1・31　知財高裁（第3部）差戻審　X請求一部認容	違法（事業者）

(2)　下級審の判断と変遷

①　保全事件　東京地決平19・3・30裁判所HP〔平成18年(ヨ)22046号〕

東京地裁は，複製の主体は，行為（提供されるサービス）の性質，支配管理性，利益の帰属等を総合考慮して判断すべきであるとしたうえ，(i)本件サービスの目的，(ii)親機ロクラクの設置場所およびその状況，(iii)利用者の録画可能なテレビ番組，(iv)本件サービスを利用する際の送受信の枠組み，(v)本件サービスによる利益の帰属などの事実を認定し，それを総合して，複製の主体は事業者Ｙであると判断し，Ｘらの申立てを認めて，Ｙらのサービスを差し止めた。

②　本案訴訟（第１審）東京地判平20・5・28判時2029号125頁，判タ1289号234頁

続く，本案訴訟の第１審でも，裁判所は，著作権法上の侵害行為者を決するについては，当該行為を物理的，外形的な観点のみから見るべきではなく，これらの観点を踏まえたうえで，法律的な観点から，著作権を侵害する者として責任を負うべき主体として評価できるか否かを検討すべきであるから，問題とされる行為（提供されるサービス）の性質，支配管理性，利益の帰属等を総合考慮して判断すべきであると判示したうえ，(i)本件サービスの目的，(ii)親機ロクラクの設置場所およびその状況，(iii)本件サービスにおける親機ロクラクの設置管理方法に関する選択の仕組み，(iv)利用者の録画可能なテレビ番組，(v)本件サービスを利用する際の送受信の枠組み，(vi)本件サービスによる利益の帰属などの事実を認定し，それを総合して，複製の主体は事業者Ｙであると判断した。

③　本案訴訟（第２審）知財高判平21・1・27裁判所HP〔平成20年（ネ）10055号〕

ところが，知財高裁は，以下のとおり判示して，上記の第１審判決を取り消した。

①　上記の第１審判決が認定した(i)～(vi)の事情は，いずれもＹが複製を行っていることを認めるべき事情といえない。

②　子機ロクラクを操作することにより，親機ロクラクをして，その受信にかかるテレビ放送（テレビ番組）を録画させ，当該録画にかかるデータの送信を受けてこれを視聴するという利用者の行為（直接利用行為）が，著作権法30条１項に規定する私的使用のための複製として適法なものである

ことはいうまでもない。

③　自己管理している場合の適法行為を基本的な視点としながら，検討すると，本件サービスにおける録画行為は，自己管理の場合と何ら異ならず，本件サービスは，複製行為を容易ならしめるための環境，条件等を提供しているにすぎない。

④　デジタル技術の飛躍的発展とインターネット環境の急速な整備により，海外にいながらテレビ番組を視聴することが著しく容易になった。サービスの利用者が増大・累積しても，Xらの正当な利益が侵害されるものでもない。

しかし，第2審判決は，まず，録画予約操作のみをもって，利用者を複製の主体と認定している点で問題がある。これは，店舗に設置されたジュークボックス，インターネットカフェにおけるゲームの上映，飲食店に設置されたテレビによる公の伝達などの事例において，機器の操作を行う顧客ではなく，当該機器の管理者である店側が利用主体であるとされていることと矛盾するものである。また，本件は，親機を事業者が管理している場合（他者管理の場合）であるにもかかわらず，なぜ自己管理の適法行為の場合を基本的な視点としなければならないのかという疑問がある。第2審判決のような基本的な視点は，複製行為について事業者の関与を許さないとした著作権法30条1項の趣旨に反するし，公衆の用に供する自動複製機器を用いた複製については私的使用目的の複製にあたらないことを定めた著作権法30条1項1号や営利目的で当該自動複製機器を複製に使用させた者の刑事罰を定めた同法119条2項2号の立法経緯・趣旨にも反する。デジタル技術の飛躍的発展とインターネット環境の急速な整備によりテレビの視聴が容易になったとしても，著作権法の根幹は何ら変更されていないはずである。

この判決は，従前の理論との整合性が検討されておらず，本件サービスを適法とすべきという担当裁判官の個人的思想ないし価値判断が色濃く表れている。

これに対し，Xらは，この判断を不服として，最高裁に上告受理の申立てを行った。

④　本案訴訟（上告審）　最判平23・1・20民集65巻1号399頁

最高裁は，以下のように判示して，Yが録画の主体であることを認めた。

「放送番組等の複製物を取得することを可能にするサービスにおいて，サービスを提供する者（以下「サービス提供者」という。）が，その管理，支配下において，テレビアンテナで受信した放送を複製の機能を有する機器（以下「複製機器」という。）に入力していて，当該複製機器に録画の指示がされると放送番組等の複製が自動的に行われる場合には，その録画の指示を当該サービスの利用者がするものであっても，サービス提供者はその複製の主体であると解するのが相当である。すなわち，複製の主体の判断に当たっては，複製の対象，方法，複製への関与の内容，程度等の諸要素を考慮して，誰が当該著作物の複製をしているといえるかを判断するのが相当であるところ，上記の場合，サービス提供者は，単に複製を容易にするための環境等を整備しているにとどまらず，その管理，支配下において，放送を受信して複製機器に対して放送番組等に係る情報を入力するという，複製機器を用いた放送番組等の複製の実現における枢要な行為をしており，複製時におけるサービス提供者の上記各行為がなければ，当該サービスの利用者が録画の指示をしても，放送番組等の複製をすることはおよそ不可能なのであり，サービス提供者を複製の主体というに十分であるからである。」（下線は筆者）

この判決は，複製の主体の判断にあたり，利用者が録画の指示をしていること（すなわち複製機器を操作していること）は重視しておらず，Ｙが複製機器を管理，支配下においていることや，その複製機器に対して放送番組等に係る情報を入力していることを，複製の実現における枢要な行為としている。

これは，簡略化すると，自動的な複製を行う機器を用いた著作物の複製の場合には，①機器を用意して管理・支配下に置く，②複製の対象となる著作物を準備する，③機器のボタンを押して機器を操作する，といった３つの過程が考えられるところ，このうち，①と②が枢要な行為であり，①②を行っている者が複製の主体であり，③のみを行っているだけの者は複製の主体ではないということもできよう。

機器の操作を行っているだけでは利用主体になりえないという考え方は，著作権法の従前の解釈とも合致する。すなわち，上述のとおり，著作権法は，実際にも，店舗に設置されたジュークボックス，インターネットカフェにおけるゲームの上映や飲食店に設置されたテレビによる公の伝達などの事例において，このような考え方を前提として，機器の操作を行う顧客ではなく，当該機器の管理者である店側を利用主体として扱っている。

なお，この判決には，金築誠志裁判官の補足意見が付されており，著作権法上の複製等の主体の判断基準に関する重要な示唆が含まれている。補足意見の内容は以下のとおりである。

「著作権法上の複製等の主体の判断基準に関しては，従来の当審判例との関連等の問題があるので，私の考え方を述べておくこととしたい。

1　上記判断基準に関しては，最高裁昭和63年３月15日第三小法廷判決（民集42巻３号199頁）以来のいわゆる「カラオケ法理」が援用されることが多く，本件の第１審判決を含め，この法理に基づいて，複製等の主体であることを認めた裁判例は少なくないとされている。「カラオケ法理」は，物理的，自然的には行為の主体といえない者について，規範的な観点から行為の主体性を認めるものであって，行為に対する管理，支配と利益の帰属という二つの要素を中心に総合判断するものとされているところ，同法理については，その法的根拠が明らかでなく，要件が曖昧で適用範囲が不明確であるなどとする批判があるようである。しかし，著作権法21条以下に規定された「複製」，「上演」，「展示」，「頒布」等の行為の主体を判断するに当たっては，もちろん法律の文言の通常の意味からかけ離れた解釈は避けるべきであるが，単に物理的，自然的に観察するだけで足りるものではなく，社会的，経済的側面をも含め総合的に観察すべきものであって，このことは，著作物の利用が社会的，経済的側面を持つ行為であることからすれば，法的判断として当然のことであると思う。

このように，「カラオケ法理」は，法概念の規範的解釈として，一般的な法解釈の手法の一つにすぎないのであり，これを何か特殊な法理論であるかのようにみなすのは適当ではないと思われる。したがって，考慮されるべき要素も，行為類型によって変わり得るのであり，行為に対する管理，支配と利益の帰属という二要素を固定的なものと考えるべきではない。この二要素は，社会的，経済的な観点から行為の主体を検討する際に，多くの場合，重要な要素であるというにとどまる。にもかかわらず，固定的な要件を持つ独自の法理であるかのように一人歩きしているとすれば，その点にこそ，「カラオケ法理」について反省すべきところがあるのではないかと思う。

２　原判決は，本件録画の主体を被上告人ではなく利用者であると認定するに際し，番組の選択を含む録画の実行指示を利用者が自由に行っている点を重視したものと解される。これは，複製行為を，録画機器の操作という，利用者の物理的，自然的行為の側面に焦点を当てて観察したものといえよう。そして，原判決は，親機を利用者が自己管理している場合は私的使用として適法であるところ，被上告人の提供するサービスは，親機を被上告人が管理している場合であっても，親機の機能を滞りなく発揮させるための技術的前提となる環境，条件等を，利用者に代わって整備するものにすぎず，適法な私的使用を違法なものに転化させるものではないとしている。しかし，こうした見方には，いくつかの疑問がある。

法廷意見が指摘するように，放送を受信して複製機器に放送番組等に係る情報を入力する行為がなければ，利用者が録画の指示をしても放送番組等の複製をすることはおよそ不可能なのであるから，放送の受信，入力の過程を誰が管理，支配しているかという点は，録画の主体の認定に関して極めて重要な意義を有するというべきである。したがって，本件録画の過程を物理的，自然的に観察する限りでも，原判決のように，録画の指示が利用者によってなされるという点にのみに重点を置くことは，相当ではないと思われる。

また，ロクラクⅡの機能からすると，これを利用して提供されるサービスは，わが国のテレビ放送を自宅等において直接受信できない海外居住者にとって利用価値が高いものであることは明らかであるが，そのような者にとって，受信可能地域に親機を設置し自己管理することは，手間や費用の点で必ずしも容易ではない場合が多いと考えられる。そうであるからこそ，この種の業態が成り立つのであって，親機の管理が持つ独自の社会的，経済的意義を軽視するのは相当ではない。本件システムを，単なる私的使用の集積とみることは，実態に沿わないものといわざるを得ない。

さらに，被上告人が提供するサービスは，環境，条件等の整備にとどまり，利用者の支払う料金はこれに対するものにすぎないとみることにも，疑問がある。本件で提供されているのは，テレビ放送の受信，録画に特化したサービスであって，被上告人の事業は放送されたテレビ番組なくしては成立し得ないものであり，利用者もテレビ番組を録画，視聴できるというサービスに対して料金を支払っていると評価するのが自然だからである。その意味で，著作権ないし著作隣接権利用による経済的利益の帰属も肯定できるように思う。もっとも，本件は，親機に対する管理，支配が認められれば，被上告人を本件録画の主体であると認定することができるから，上記利益の帰属に関する評価が，結論を左右するわけではない。

3　原判決は，本件は前掲判例と事案を異にするとしている。そのこと自体は当然であるが，同判例は，著作権侵害者の認定に当たっては，単に物理的，自然的に観察するのではなく，社会的，経済的側面をも含めた総合的観察を行うことが相当であるとの考え方を根底に置いているものと解される。原判断は，こうした総合的視点を欠くものであって，著作権法の合理的解釈とはいえないと考える。」

その後，ロクラクⅡ事件は，知財高裁に差し戻され，差戻審[24]は，Xの請求を一部認容して，サービスの差止めと損害賠償の支払を命じている。

24　知財高判平24・1・31判時2141号117頁。

コラム　最高裁の口頭弁論では何が行われるのか

下級審の口頭弁論では，書面のやりとりのみが行われるのが通常である。しかし，最高裁の口頭弁論では，事案によって長短はあるものの，希望すれば，10分程度の口頭での弁論（スピーチ）を行う機会が与えられる。

どのような弁論を行うかは自由であるが，上告受理申立書をそのまま朗読するのではなく，最も最高裁に訴えたい点にポイントを絞って行うべきである。参考までに，ロクラクⅡ事件の口頭弁論要旨を紹介しておく。ここでは，複製の主体の判断においては，誰が機器を操作するかということよりも，①誰が機器を設置・管理し，②誰が利用行為の対象となる著作物等を確保・供給しているかが重要であることを繰り返し強調している。この点は，最高裁において，複製の実現における「枢要な行為」の判示に影響している。

口頭弁論要旨

１　はじめに

本件サービスは，被上告人が，自らの事業所内等において，自らが製造し，所有する自動複製機器を設置・管理し，海外等に居住する利用者に当該自動複製機器をインターネット経由で操作させることによって，被上告人が供給する上告人らのテレビ番組の複製を生じさせる有償のサービスです。本件では，そこで行われている複製行為の主体が，被上告人なのか，それとも利用者なのかが問題となっています。

この点，原判決は，利用者が自動複製機器の操作をしている点を殊更に重視して，本件サービスにおける複製行為の主体を利用者であると判断しています。また，原判決は，本件サービスは，従来技術の制約を克服し，利用者における私的利用のための環境条件等の提供を図るものであるから，「かかるサービスを利用する者が増大・累積したからといって本来適法な行為が違法に転化する余地はなく，上告人らの正当な利益が侵害されるものでもない」と断じています。

しかし，原判決の解釈は，従来の判例や従来の著作権法の解釈，著作権法30条１項１号や119条２項２号の立法経緯を完全に無視しているだけでなく，著作権法30条の趣旨を没却するものであり，上告人らを含むテレビ番組に関する数多くの権利者の正当な利益を侵害するものとして，到底是認することはできません。

２　自動複製機器による複製行為の主体性の判断基準（総合考慮）

例えば，カラオケスナックにおける歌唱のように，支分権の対象となる行為が自然人の身体的活動によって直接行われる場合には，物理的・自然的観察のもとでの行為主体が誰かということについては疑問の余地がありません。にもかかわらず，クラブ・キャッツアイ事件の最高裁判決は，事業者の管理や利益の帰属等の事情を考慮し，著作権法の規律の観点から，歌唱（演奏）行為の主体を現実に歌唱している者ではなく，事業者であると判断しました。

他方，本件サービスのように，支分権の対象となる行為が機器によって直接的に行われている場合には，物理的・自然的観察のもとでは，そもそも行為主体が誰なのかが必ずしも明確ではありませんので，諸般の事情を総合的に考慮して，その行為主体を判断せざるを得ません。かかる総合考慮にあたっては，諸般の事情の中でも，誰が機器を操作しているかよりも，①誰が機器を設置・管理し，②誰が利用行為の対象となる著作物等を確保・供給しているか，という事情が極めて重要であり，原判決はこの点で根本的に誤っています。

3　機器の操作は行為主体性の判断において重要ではないこと

このことは，次のような例からも容易に理解することができます。

例えば，レンタルレコード店やレンタルビデオ店にダビング機器が設置され，かつ，複製の対象となる音楽テープやビデオテープを当該店舗が提供しているような場合は，たとえダビング機器を操作するのが利用者であっても，そこで行われる複製行為の主体は，利用者ではなく，当該店舗であるということには異論がありません。

また，例えば，ジュークボックスが店舗に設置されている場合，ジュークボックスによる演奏は，利用者がコインを投入し，楽曲を選択して演奏開始ボタンを押すという操作によって行われますが，かかる演奏行為の主体は，ジュークボックスを操作する利用者ではなく，ジュークボックスを設置した店舗であるということには異論がありません。

さらに，例えば，ウェブサーバにアップロードされた著作物が公衆に送信される場合，かかる送信行為は，ダウンロードする側の利用者の操作を契機として行われますが，かかる利用者の操作は，単なる「公衆からの求め」にすぎず，自動公衆送信の行為主体は，あくまでサーバに著作物をアップロードした者であるとされています。このことは，著作権法２条１項９号の４の文言上も明らかです。

その他，インターネットカフェにおけるゲームの上映や飲食店に設置されたテレビによる公の伝達などの例においても，同様に解されています。

原判決によれば，これらの事例の利用行為の主体は全て利用者ということになりかねませんが，そのような結論が妥当でないことはいうまでもありません。

4　著作権法30条１項１号および119条２項２号の立法経緯

また，事業者が単に自動複製機器を設置するだけでなく，複製の対象となる音楽テープやビデオソフトなどの著作物までも供給し，利用者本人は自動複製機器のボタンを押すなどの操作をするだけというような場合には，事業者が複製行為の主体となることが，著作権法30条１項１号や119条２項２号の立法経緯においても明確に示されています。

5　本件サービスにおける複製行為の主体

以上述べてきた観点から，諸般の事情を総合的に考慮して，本件サービスにおける複製行為の主体を判断した場合には，複製行為の主体が被上告人であることは明らかです。

第１に，被上告人は，自ら管理・支配する事業所内等において，自ら製造・所有する自動複製機器である親機ロクラクその他の機器類を設置・管理しています。

第２に，被上告人は，テレビアンテナで受信したテレビ番組を自動複製機器である親機ロクラクに対して送信することによって，複製の対象となるテレビ番組を確保・供給しています。利用者は，被上告人が供給するテレビ番組しか録画することはできません。

第３に，被上告人は，テレビ番組の複製を生じさせる本件サービスの提供によって，初期登録料やレンタル料等の名目で経済的な利益を得ています。

第４に，本件サービスは，海外など，上告人らの放送対象地域外に居住している利用者が，上告人らのテレビ番組を複製して視聴できるようにすることを目的として，有償で提供されるサービスです。上告人らのテレビ番組を複製して視聴できなければ，お金を払って本件サービスを利用する者は誰もいません。本件サービスにおける複製行為の主体を検討するうえで，このような本件サービスの目的・性質を無視することはできません。

その他の事情については，上告受理申立理由書に詳しくまとめたとおりです。

【上告受理申立理由書46頁図】

		管理の内容	具体的内容	関与者
複製行為の管理（支配）	著作物の確保・供給	著作物の確保	アンテナとの接続	相手方
		著作物の継続的供給	分配期・ルーター等の有線電気回線の設置・保守管理	相手方
			複製機器との接続	相手方
	自動複製機器等の管理	自動複製機器の管理（支配）	機器の製造	相手方
			機器の所有	相手方
			機器のレンタル（外形）	相手方・利用者
			設置場所の確保・維持管理	相手方
			複製機器の設置	相手方
			複製機器の保守・管理	相手方
		著作物の送信	複製機器とインターネット接続	相手方
			通信の管理	相手方
		録画予約	子機の録画予約ボタンの操作	利用者
	その他の事情	サービスの発案	サービスの企画・立案・実施	相手方
		サービスの利用の誘引	サービスの宣伝	相手方
利益		経済的利益の帰属		相手方

これに対して，利用者がテレビ番組を複製するために関与する行為は，親機ロク

ラクに対する録画予約操作しかありません。

以上の事情を総合的に考慮すれば，本件サービスにおける複製行為の主体は，被上告人以外にはあり得ません。

6　デジタル技術の発展やインターネット環境の整備は，本件サービスを適法とする根拠にはならないこと

なお，原判決は，技術の飛躍的進展をもって，本件サービスの適法性を根拠付けようとしています。

しかし，「外部の事業者が関与する複製は私的複製とは認めない」というのが著作権法30条の明確な趣旨であり，技術が発展したからといって，外部の事業者が著作物の複製に関与して収益をあげても適法であるということにはなりません。

ビデオデッキの登場によってテレビ番組を複製することが容易になりましたが，かかる複製が私的複製として許されるのは，あくまでも個人が自ら複製する場合に限られるのであって，外部の事業者に委託して複製する場合までも私的複製として許されているわけではありません。

外部の事業者が複製に関与する，いわゆる録画代行サービスが違法であることについては，従来から全く異論がなく，そのことは，デジタル技術の発展とインターネット環境の整備が進んだ今日であっても何ら変わっていません。

被上告人は自動複製機器をレンタルしているだけであるかのように主張していますが，被上告人は，単に自動複製機器をレンタルしているだけでなく，自己の事業所内等に当該自動複製機器を設置・管理し，テレビ番組を確保・供給するなどして当該自動複製機器内でテレビ番組を複製できるようにしています。本件サービスの利用者は，自分では上告人らのテレビ番組を複製して視聴することができず，被上告人の関与があってはじめて上告人らのテレビ番組を複製して視聴することができるのであり，そのための対価として被上告人に対して料金を支払っています。本件サービスの本質は，まさにその点にあるのです。

7　ま と め

原判決のような解釈が認められれば，著作者に収益を還元することなく，事業者が，利用者における私的複製のための環境条件等を提供するという名のもと，何万人もの利用者に対して大規模な著作物の複製ビジネスを展開することも可能になってしまいます。原判決は，従来の判例や従来の著作権法の解釈，著作権法30条１項１号や119条２項２号の立法経緯を完全に無視しているだけでなく，著作権法30条の趣旨を没却する，極めて危険な判決です。

裁判所におかれましては，本件サービスの本質を真正面からとらえて，適切な判断をしていただきたいと存じます。

以上

4 まとめ

前述のまねきTV事件およびロクラクⅡ事件により，Xらの権利者の許諾なく，このようなテレビ番組の遠隔視聴サービスを行うことはできないということが明確になった。

上記2つの事件では，最終的に，最高裁において知財高裁の判断がいずれも覆される結果となったが，最高裁で逆転するということは極めて希であるため，それよりも前段階で負けないということが重要であることは言うまでもない。まねきTV事件では，保全事件のXらの最初の主張の論理は紆余曲折を経て最高裁で採用されたが，もし保全事件の地裁段階でXらの主張が認められていた場合には，それ以降の裁判所の見解が紆余曲折するということはなかった可能性があり，また，もし保全事件の控訴審段階で，知財高裁が最高裁への抗告を許可していたとしたら，最高裁は異なる判断を下していた可能性もある。それゆえ，同事件のような難しい法解釈を伴う裁判においては，「最初に勝つ」という訴訟の鉄則がより一層重要となる。

また，上記2の事件のような技術や難しい法解釈を含む事件においては，担当裁判官が誤った方向の理解に陥らないように，できる限り早期の段階で，図表などを用いてその内容を簡潔にわかりやすく説明するといった工夫も必要となろう（たとえば，上記3の【図表1－4】サービスのシステム構成，上記コラム（69頁）の口頭弁論要旨中の表等参照）。

コラム　Aereo事件（米国連邦最高裁2014・6・25）

「まねきTV事件」の最高裁判決が出される以前は，同事件のようなサービスを違法にすると我が国のインターネット関連サービスの発展が阻害される（米国とのインターネット関連サービスの競争に負けてしまう），米国であれば同事件のようなサービスは適法である，といった意見もあった。

しかし，近時，米国でも「まねきTV事件」のようなテレビ番組の遠隔視聴支援サービスが違法と判断されているので，紹介しておく（American Broadcasting cos., Inc., et al. v. Aereo, Inc., fka Bamboom Labs, Inc.）。

【事案の概要】

本件は，米国の地上波放送局が，インターネット経由で地上波テレビ番組を顧客の端末などに転送するサービスを提供しているAereoを相手方として，Aereoが地上放送局の保有する著作権（米国著作権法106条⑷の実演権）を侵害していると主張して，訴訟を提起したという事案

【サービスの概要】

本システムは，サーバ，信号変換器，および中央倉庫に設置された多数の10セント硬貨サイズのアンテナで構成される。その概要は，以下のとおりである。

① 視聴者が現在放送されている番組を見るときは，Aereoのウェブサイトを訪れ，ローカル番組のリストから見たい番組を選択する。

② Aereoのサーバは，視聴者が選択した番組の時間中，１つのアンテナを１人の視聴者に割り当てる。次に，サーバは，当該アンテナを番組が送られてくる無線放送に合わせる。当該アンテナが番組を受信し，Aereoの信号変換器がその信号をインターネット経由で送信可能なデータに変換する。

③ 直接データが視聴者に送信されるのではなく，Aereoのハードドライブ上の視聴者の専用フォルダにデータがセーブされる。言い換えると，Aereoのシステムは，番組を選択した視聴者特有のコピー（subscriber-specific copy），すなわち，パーソナルコピーを作成する。

④ 一旦数秒間セーブされた後，Aereoのサーバは，当該セーブされたデータをインターネット経由で視聴者に送信し，視聴者は，インターネットに接続された自己のPC，タブレット，スマートフォン等の端末で送信された番組を見ることができる。

【争点】

⑴ Aereoが「実演」しているか

⑵ Aereoは「公に」実演しているか

（参考：米国著作権法）

§ 106 Exclusive rights in copyrighted works

Subject to sections 107 through 122, the owner of copyright under this title has the exclusive rights to do and to authorize any of the following:

(4) in the case of literary, musical, dramatic, and choreographic works, pantomimes, and motion pictures and other audiovisual works, to perform the copyrighted work publicly;

第106条　著作権のある著作物に対する排他的権利
第107条ないし第122条を条件として，本編に基づき著作権を保有する者は，以下に掲げる行為を行いまたこれを許諾する排他的権利を有する。
(4)　言語，音楽，演劇および舞踊の著作物，無言劇，ならびに映画その他の視聴覚著作物の場合，著作権のある著作物を公に実演すること。
（山本隆司訳『CRIC外国著作権法令集　アメリカ編』（著作権情報センター，2009年））

§ 101 Definitions
To perform or display a work "publicly" means-
(1) to perform or display it at a place open to the public or at any place where a substantial number of persons outside of a normal circle of a family and its social acquaintances is gathered; or
(2) to transmit or otherwise communicate a performance or display of the work to a place specified by clause (1) or to the public, by means of any device or process, whether the members of the public capable of receiving the performance or display receive it in the same place or in separate places and at the same time or at different times.

第101条　定義
著作物の「公の」実演または展示とは，以下のいずれかをいう。
(1)　公衆に開かれた場所または家族および知人の通常の集まりの範囲を超えた相当多数の者が集まる場所において，著作物を実演しまたは展示すること。
(2)　著作物の実演または展示を，何らかの装置またはプロセスを用いて，第(1)節に定める場所または公衆に送信しまたは伝達すること（実演または展示を受信できる公衆の構成員がこれを同一の場所で受信するか離れた場所で受信するかを問わず，また，同時に受信するか異時に受信するかを問わない)。
（山本隆司訳『CRIC外国著作権法令集　アメリカ編』（著作権情報センター，2009年））

【判旨】

米国連邦最高裁は，以下のとおり，Aereoが「公に」「実演」しているとして，Aereoの著作権侵害を認めた。

(1)　争点(1)について

米国連邦最高裁は，①Aereoの活動は，CATV会社の活動に実質的に類似していること，②Aereoは，テレビ番組を視聴者に視聴できるようにするサービスであること，③Aereoが使用している機器は，ユーザの家の外にある中央倉庫に設置されたAereoの機器であること，④Aereoのシステムは，テレビ番組を受信し，それらをプライベートチャンネルで追加の視聴者（additional viewers）に送信していることなどを理由として，Aereoは単なる機器の供給者ではなく，Aereo

が「実演」していると判示した。

⑵　争点⑵について

Aereoは，(i)Aereoが送信する実演は，その送信活動によって作られた新しい実演である，(ii)１人が受信できる実演は特定の１人の視聴者にのみしか送信されないので，公衆に送信していない，として，米国著作権法101条⑵に該当しないと主張した。

これに対し，米国連邦最高裁は，以下のとおり，著作物の実演を「公に」送信していると判示した。

まず，上記(i)については，仮にAereoの主張が正しいとしても，映像の著作物の実演の送信とは，視聴可能な映像や音を同時に伝達することを意味し，Aereoは，視聴者に「装置またはプロセス」によって，著作物である映像や音を伝達し，それらは視聴者のコンピュータ上で視聴することができるなどとして，同項に該当するとした。

次に，上記(ii)については，①CATVとの技術的な違いは，AereoのシステムとCATVのシステムを区別するものではない，②同項の文言および目的からすると，ある者が同時に知覚できる映像や音を多数の人々に伝達するときは，個別の伝達の数にかかわらず，それらの者に実演を送信していると解される，③Aereoは，同時に知覚できる映像や音をお互いに無関係かつ見知らぬ多数の人々に伝達しており，Aereoが送信する視聴者は，「公衆」を構成する，④Aereoの視聴者は異なる時および場所で同一の番組を受信するが，同項は「実演……を受信できる公衆の構成員がこれを同一の場所で受信するか離れた場所で受信するかを問わず，また，同時に受信するか異時に受信するかを問わない」と明確に規定しているから，この事実はAereoに有利にならない，などとして，同項に該当するとした。

第5節

サービス提供事業者のリスク低減方策

1 リスク低減方策

前述のとおり，サービス利用者による権利侵害についてサービス提供事業者に対して法的責任を追及する裁判例が多数存在している。これらの裁判例を踏まえて，被害者からサービス提供事業者に対して権利侵害の責任を追及する訴訟が提起された場合において，サービス提供事業者が権利侵害の法的責任を問われるリスクを低減させるための方策として，いかなる方策があるかを検討する。

ポイントとなるのは，サービス提供事業者において権利侵害を予防・防止しようとする客観的な姿勢が示されているか否かである。より具体的には，サービス内における侵害可能性がある情報やコンテンツの流通の割合を減らすための実効的な措置を講じているか否かである。サービス内での侵害可能性のあるものの割合が高ければ高いほど，訴訟を提起される可能性も高くなるし，実際の訴訟において，サービス提供事業者が法的責任を問われるリスクも高くなる。

サービス内における侵害可能性がある情報やコンテンツの流通の割合を減らすための具体的な方策としては，次のような方策が考えられる。

【事前の対策】

① 取扱いの対象となる情報・コンテンツの限定

② 包括的な権利処理

③ 利用規約等による禁止・注意喚起

④ フィンガープリント等の技術的措置の導入

⑤　通報窓口の設置

【事後の対策】
①　ノーティス・アンド・テイクダウン（Notice & Takedown）の適正な実施
②　人間による定期的な巡回
③　侵害者に対する再犯防止措置

なお，サービス提供事業者がこれらの方策のすべてを講じていなければ権利侵害の法的責任を問われるというわけではなく，また，これらの方策のすべてを講じていれば権利侵害の法的責任を問われないという保証もない。しかし，これらの方策は，サービス提供事業者が権利侵害の法的責任を問われるリスクを低減させることに資するものであることは間違いない。

2　個別の方策の内容と留意点

(1)　事前の対策

①　取扱いの対象となる情報・コンテンツの範囲の限定

サービス提供事業者が利用者による権利侵害について法的責任を問われるリスクを低減させるための事前の方策としては，第一に，サービスで取扱いの対象となる情報やコンテンツの範囲を限定することが考えられる。

たとえば，著作権侵害が起こりやすい音楽，動画，画像などの複製や送信を禁止したり，制限したりすれば，それだけ権利侵害のリスクも減ることになる。

もっとも，サービスで取り扱う情報やコンテンツの範囲を狭くするほど，利用者にとってサービスの魅力が低減してしまう場合もあるため，バランスに留意しなければならない。

②　包括的な権利処理

第二に，サービスで取り扱う情報やコンテンツの一部についてはあらかじめ権利者との間で包括的な利用の許諾を受けておくことも考えられる。

たとえば，動画投稿サイトにおいて，利用者が自己の投稿動画の中に

JASRAC等の著作権等管理事業者の管理する他人の楽曲を利用したいと考えたとしても，実際には，当該利用者が個別にJASRAC等から許諾を得るのは困難である。そこで，YouTubeなどの大手動画投稿サイトでは，動画投稿サイトのサービス提供事業者が，あらかじめJASRAC等との間で，投稿動画における楽曲の利用に関する契約を締結し，当該利用について包括的な許諾を得るという方策が採られている。これにより，少なくとも当該楽曲の利用については権利侵害を回避することができる。

③　利用規約等による禁止・注意喚起

第三に，利用者に対して，利用規約等で権利侵害を禁止することやウェブサイト等で折に触れて権利侵害を行わないよう呼びかけることが考えられる。このような利用規約等による禁止や注意喚起は，一般的には，利用者による侵害行為の予防・防止に資するものであり，サービス提供事業者が権利侵害についての法的責任を問われるリスクを低減させるのに資する方策の一つといえる。

ただし，このような注意喚起がなされていても，実際に多くの権利侵害が行われている場合には，このような注意喚起が，却ってサービス提供事業者における権利侵害の認識を基礎付けるマイナスの間接事実と評価される可能性もある。したがって，当然のことではあるが，単に注意喚起をしていたという事実だけで免責されるわけではないので，その点には留意が必要である。

④　フィンガープリント等の技術的措置の導入

第四に，フィンガープリント等の技術的措置により権利侵害コンテンツを排除することが考えられる。

フィンガープリントとは，複数のコンテンツを照合してその同一性を確認するための値をいう。フィンガープリントは，たとえば，YouTubeなどの一部の動画投稿サイトにおいて，投稿された音楽や映像などのコンテンツが著作権を侵害したものか否かを検出する用途に利用されている。

このような技術的措置を導入することにより，サービス提供事業者は，自己のサービス内の権利侵害コンテンツを効率的に検出することが可能となり，権利侵害コンテンツの流通を減少させることができる。特に，動画投稿サイトでは，現にこれを導入しているサービス提供事業者が存在していることから，これを導入していないサービス提供事業者は，権利侵害を黙認しているのではないかという色眼鏡で判断される可能性がある。導入していない場合には，それについて合理的な理由の説明が求められることになろう。

もっとも，フィンガープリントも万能ではなく，元の情報やコンテンツの一部を用いた二次的な創作物には対応できないという問題がある。また，フィンガープリントの導入には，それなりのコストがかかるという問題もある。

⑤　通報窓口の設置

第五に，他のユーザーが権利侵害コンテンツまたはそのおそれがあるコンテンツを発見した場合には，サービス提供事業者に対して通報できる窓口を設けることが考えられる。

サービス内で流通する情報やコンテンツが大量であればあるほど，サービス提供事業者に雇われた専門の従業員だけでは，すべての情報・コンテンツを定期的に巡回して権利侵害を排除するのは困難であるため，他のユーザーに協力してもらうことは有益である。

(2)　事後の対策

①　ノーティス・アンド・テイクダウン（Notice & Takedown）の適正な実施

サービス提供事業者が利用者による権利侵害について法的責任を問われるリスクを低減させるための事後の方策としては，第一に，ノーティス・アンド・テイクダウンを適正に実施することが考えられる。

ノーティス・アンド・テイクダウンとは，権利者や被害者から権利侵害の侵害の警告があった場合において，当該侵害を取り除く措置のことをいう。

前述のとおり，サービス提供事業者が権利侵害を認識しているにもかかわらず，これを放置すれば，直接の侵害主体とされる可能性がある。また，プロバイダ責任制限法上も，技術的に送信防止が可能な場合であって，①情報の流通によって他人の権利が侵害されていることを知っていたとき（3条1項1号），または②情報の流通を知っていた場合であって，当該特定電気通信による情報の流通によって他人の権利が侵害されていることを知ることができたと認めるに足りる相当の理由があるとき（同項2号）には，損害賠償責任を免れないとされている。したがって，サービス提供事業者としては，権利者からの通知等により権利侵害を認識した場合には，速やかに当該侵害を削除する必要がある。

ノーティス・アンド・テイクダウンの適正な実施は，サービス提供事業者が利用者による権利侵害について法的責任を問われるリスクを低減させる方策として，最も重要な方策であるといえる。

ただ，実務上，悩ましいのは，権利侵害の通知を受けたものの，本当に権利侵害に該当するかどうかの判断に迷うケースである。安易に削除すると，削除された側から当該削除の責任を問われるリスクがあるからである。

このようなケースにおいて，どのような対応を取るかはケース・バイ・ケースであるものの，「迷ったら削除」という対応の方が無難であるように思われる。

というのも，サービス提供事業者が削除してもプロバイダ責任制限法上一定の場合（同法３条２項）には免責が認められており，また，削除を請求してきた側は，削除しなければサービス提供事業者を訴えると警告してきているのが通常であるから，これを無視して放置した場合には，訴訟を提起される可能性が高いのに対し，削除しても，削除された側からただちに訴訟を提起される可能性が高いとはいえないからである。さらに，削除請求者とサービス提供事業者との間では，契約関係がないのが通常であるため，契約によって訴訟リスクを低減させることはできないのに対し，削除される者とサービス提供事業者との間にはサービスの利用規約等により契約関係があるため，利用規約等において，たとえば，権利侵害のおそれがあった場合には削除したり，サービスの提供を中止したりできることを幅広に定めておくことにより，削除された者からの訴訟リスクを低減させることも可能であるからである。

②　人間による定期的な巡回

第二に，上記のフィンガープリント等は機械的・自動的に行われるものであるが，人間の手・目によってサービス内で流通する情報やコンテンツを定期的に巡回することも考えられる。実際に，児童ポルノやわいせつ動画などについては，多くのサービスにおいて，サービス提供事業者の従業員またはその委託を受けた会社の従業員が定期的に巡回して排除している。

もっとも，人間による定期的な巡回では，すべての情報やコンテンツをカバーすることは困難であり，また，人件費その他の多額のコストがかかるため，対象を絞って効率的に行う必要がある。

③　侵害者に対する再犯防止措置

第三に，権利侵害は同一人によって繰り返し行われることも多いので，その場合には，当該侵害者のアカウントを停止したり，同一のIPアドレスからの送信を停止したりするなどの措置を講ずることが考えられる。

なお，メールアドレスの登録だけでアカウントを作成できてしまうような場合には，フリーメールのアドレスを変更するだけで容易に新たなアカウントが作成できてしまい，潜脱が可能となってしまうため，メールアドレス以外にも侵害者を特定できる情報を取得しておくことが望まれる。

第2章

インターネット上の権利侵害に対する削除・発信者情報開示請求訴訟

本章では，インターネット関連サービスにおいて企業等の名誉・信用毀損等の権利侵害が行われた場合を想定し，権利侵害をされた企業およびプロバイダ双方の視点から，各当事者がインターネット上の権利侵害の特徴を踏まえた適切かつ迅速な対応を行えるように，権利を侵害する投稿等の削除請求や，権利侵害を行った者を特定するための発信者情報開示請求の一般的な手続の流れ，および関係する法的手続において特に問題となりやすい点について，裁判例の分析を盛り込みながら解説する。

第1節

はじめに

インターネット・情報化社会における権利侵害に対する特徴は，はしがきで述べたとおりであり，インターネット上の権利侵害を軽視することは相当ではないことはもちろん，権利侵害の救済のためには，迅速な対応が求められる。そのため，企業は，インターネット上の権利侵害を受けた場合に，これらの権利侵害の特徴を踏まえた適切かつ迅速な対応を取れるよう，常日頃から体制を整えておくことが重要である。

たとえば，インターネット上での名誉毀損に対しては，主な方法として削除（送信防止措置）請求や発信者情報開示請求があり，その中でも任意の（法的手続によらない）請求と法的手続による請求がある。その他にも，いわゆる逆SEO[1]により検索結果の上位に表示されないようにするという全く別のアプローチによる解決方法もあり得る。そのため，個別の事案に応じて，最も効果的と思われる方法を選択する必要がある。

また，インターネット上で名誉毀損等の権利侵害が起こった場合に，プロバイダとして，被害者や権利者からの請求に対応しなければならない企業としては，プロバイダ責任制限法の趣旨目的や，名誉毀損等の権利侵害の成否（成立要件）について十分に理解したうえで，必要かつ適切な対応をすることが求められる。

本章では，削除請求や発信者情報開示請求をする際の一般的な手続の流れや

1　SEO（Search Engine Optimization）とは，さまざまな技術や手法により，自らのウェブサイトが検索エンジン（GoogleやYahoo!Japan等）の検索結果の上位に表示されるように工夫することをいうが，逆SEOとは，SEOとは逆にウェブサイトの検索結果の順位を下げる対策のことをいう。

関係する法的手続において特に問題となりやすい点について，請求する側・される側双方の視点を盛り込んで説明することに重点を置いて解説したい。なお，削除請求については，各ウェブサイト等に対する任意の削除請求等の手続も実務上は重要であるが，これらは各ウェブサイト等の方針次第であり日々変わる可能性があること，および他書においてこれらの手続を解説した類書がすでに存在することから，解説は必要最小限にとどめている。

第2節

プロバイダ責任制限法の概説

プロバイダ責任制限法は，特定電気通信役務提供者の損害賠償責任の制限，および発信者情報開示請求について定めた法律である（同法1条参照）。

「特定電気通信役務提供者」とは，プロバイダ責任制限法2条3号によれば「特定電気通信設備を用いて他人の通信を媒介し，その他特定電気通信設備を他人の通信の用に供する者」と定義されるが，具体的には，ウェブホスティング等を行ったり，第三者が自由に書き込みのできる電子掲示板を運用したりしている者であれば，電気通信事業法の規律の対象となる電気通信事業者だけでなく，たとえば，企業，大学，地方公共団体や，電子掲示板を管理する個人等も，広く特定電気通信役務提供者に該当しうるとされている[2]。そのため，略称としては厳密には「プロバイダ等」とするのが正確ではあるが，以下ではわかりやすさの観点から，総称する場合は，単に「プロバイダ」という略称を用いることとする。

なお，プロバイダは大きく2つに分けることができ，インターネット上でサービスを提供するプロバイダのことを総称して「コンテンツプロバイダ」という。いわゆる掲示板サービス事業者が代表的なものであるが，掲示板を主たるサービスとする場合でなくとも，動画投稿サービス等，サービスに関連して何らかのコンテンツを投稿したり，口コミやメッセージを投稿したりすることができるものであれば，広くコンテンツプロバイダにあたると考えてよい。また，「最終的に不特定の者受信されることを目的として特定電気通信設備の記

2　総務省総合通信基盤局消費者行政課著『改訂増補版 プロバイダ責任制限法』（第一法規，2014年）21頁。

録媒体に情報を記録するためにする発信者とコンテンツプロバイダとの間の通信を媒介するプロバイダ」のことを総称して「経由プロバイダ」という。いわゆる通信事業者であり，一般的にインターネットサービスプロバイダ（ISP：Internet Service Provider）と呼ばれているプロバイダのことである。従来，経由プロバイダが，プロバイダ責任制限法にいう特定電気通信役務提供者に該当するか否かについて争いがあったが，最高裁[3]が経由プロバイダも特定電気通信役務提供者に該当すると判示して以降は，争点とはされていない。

1　損害賠償責任の制限

たとえばインターネット上の掲示板の投稿が名誉毀損であるとして削除を求められた場合，掲示板を運営するプロバイダとしては，被害者（権利が侵害されたとする者）との関係だけでなく，発信者（当該投稿を書き込んだ者）との関係についても考慮したうえで，当該投稿の削除の可否を検討する必要がある。プロバイダ責任制限法も，被害者に対する損害賠償の制限（プロバイダ責任制限法３条１項），発信者に対する損害賠償の制限（同条２項）に分けて規定しており，以下では，被害者および発信者に対する責任の制限について概観する。

(1)　被害者（侵害されたとする者）に対する責任

まず，削除をしない場合，すなわち被害者（権利が侵害されたとする者）に対する関係であるが，プロバイダ責任制限法は，プロバイダが，当該プロバイダが提供する特定電気通信設備により流通する情報によって権利を侵害されたと主張する者に対し損害賠償責任を負う場合を制限しており，次の２つの要件を満たす場合でなければ，損害賠償責任を負わないとしている（同法３条１項本文）。

①　当該情報の不特定者に対する送信防止措置が技術的に可能な場合であって，

3　最判平22・4・8民集64巻3号676頁。

かつ，

② 当該情報の流通によって他人の権利が侵害されていることを知っていたとき（同条1項1号），または，当該プロバイダが当該情報の流通を知っていた場合であってそれによって他人の権利が侵害されていることを知ることができたと認めるに足りる相当の理由があるとき（同項2号）

逆に言えば，プロバイダが，他人の権利を侵害する投稿等の存在を認識し，それが削除可能であるにもかかわらず，放置していた場合には，上記2要件を充足しないので，プロバイダ責任制限法の損害賠償の制限を受けられず，被害者（権利が侵害されたとする者）に対し，不法行為による損害賠償責任を負う可能性がある。

また，プロバイダ自身が権利侵害情報の発信者であると評価される場合には，上記の損害賠償の制限は適用されない（同法3条1項ただし書）ので，この点も留意する必要がある。どのような場合にプロバイダ自身が権利侵害情報の発信者（主体）であると評価されるか否かは，法律上明確な基準があるわけではないが，比較的近時の裁判例で，動画投稿サービスの運営者が著作権者等からの通知を受けて著作権等の侵害を認識したにもかかわらず，①何らの是正措置もとらずにこれを放置していた場合や，②サービスの内容・性質，侵害態様，運営者の関与の内容・程度等の諸要素を総合考慮して動画投稿サービスの運営者自身が著作権等侵害の主体とされる場合には，当該動画投稿サービスの運営者が，著作権等侵害の責任を問われるとされた事例（TVブレイク事件）があり，実務上参考になる（詳しくは**第1章第3節**②参照）。

(2) 発信者に対する責任

他方，発信者に対する関係では，プロバイダ責任制限法は，次の2つの要件を満たす場合には，削除をしたことによって発信者に損害が生じた場合でも，発信者に対する損害賠償責任が制限されることを規定している（同法3条2項）。

> ①　当該措置（削除）が当該情報の不特定の者に対する送信を防止するために必要な限度において行われたものであって，
> かつ，
> ②　当該情報の流通によって他人の権利が不当に侵害されていると信じるに足りると相当の理由があったとき，又は，当該情報の流通によって自己の権利が侵害されたとする者から，侵害された権利及び理由を示して送信防止措置を講ずる（削除する）ように申出があった場合に，発信者に対し，当該情報について削除することに同意するか否かを照会し，照会を受けた日から７日を経過しても当該発信者から削除に同意しない旨の申出がなかったとき

ただし，選挙運動の期間（公示・告示日から選挙期日の前日までの期間）に頒布された文書図画（コンピュータや携帯電話等のディスプレイの表示も含まれる）については，迅速性の観点から，上記②の照会に対する回答期間が７日から２日に短縮されているため，留意が必要である。

なお，これらの規定は任意規定で，プロバイダと発信者が契約関係にある場合の当事者間の合意を排除する趣旨ではないと解されており，プロバイダの利用規約等で別途の定めをすることも可能である。

(3)　まとめ

被害者および発信者に対するプロバイダの損害賠償の制限の関係は，次頁の図式でまとめられる。

送信防止措置を請求された場合のプロバイダの現実的な対応としては，発信者に対する連絡手段がある場合には，まず発信者に対し，投稿等を削除しても問題ないかどうか照会を行うべきである。その結果，削除しても問題ないとの回答がされた場合，あるいは７日間返答がない場合には，不特定多数への送信防止に必要な限度（掲示板やスレッドをまるごと削除するといった対応は必要な限度とはいえないと考えられる）で削除をするという対応をすべきである。

他方，照会の結果，発信者が削除を承諾しない場合，あるいは発信者に対す

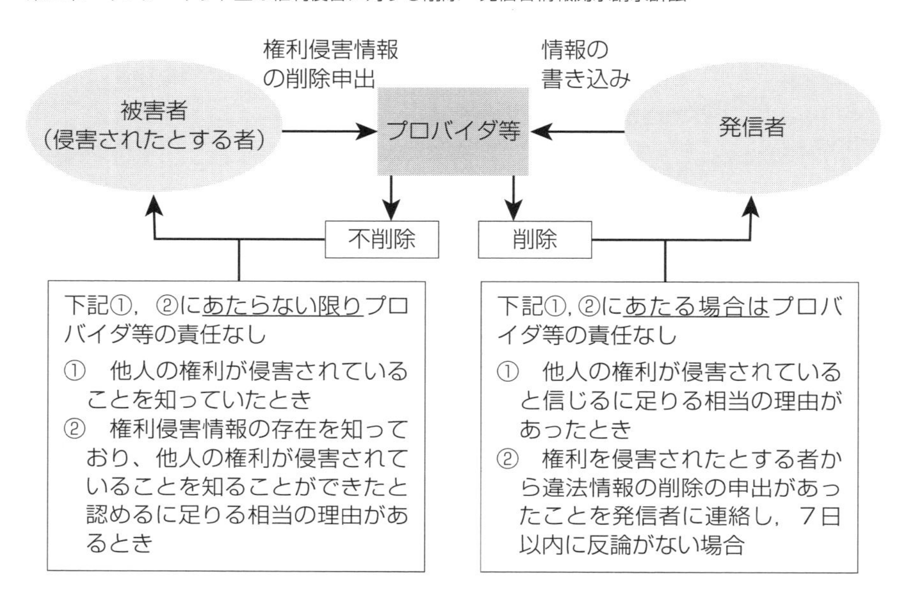

る連絡手段がなく照会できない場合には，プロバイダ側で，当該情報による権利侵害が明白であるか否かを検討し，送信防止措置に応じるか否かを検討することになる。この点，一般的には，当該投稿等が権利を侵害するものでないことが明らかとはいえない限りは，削除に応じることが，コンテンツプロバイダ側としては安全サイドの対応といえよう。なぜなら，権利侵害にあたるとして削除を請求してきた側は，送信防止措置をしなければプロバイダ側に対して法的手続により送信防止措置を求める可能性が高いが，その際，任意の送信防止措置請求に応じなかったことについても責任追及される可能性があるのに対し，送信防止措置請求に応じた場合には，発信者側からただちにその責任を追及される可能性が高いとは必ずしもいえないからである。

もっとも，プロバイダ責任制限法上は，被害者との関係では，削除に応じなかった場合でも，権利侵害につき故意であるか，権利侵害であることを知ることができたと認めるに足りる相当の理由があるときでなければ，削除に応じなくとも責任を負わない一方で，発信者との関係では，権利侵害であると信じるに足りる相当の理由がなければ責任を負う可能性があるが，投稿等の具体的内容によっては，「権利侵害であると信じるに足りる相当の理由」があるとまでは言い切れない場合もあろう。そこで，発信者とプロバイダとの間のサービス利用規約等において，プロバイダ責任制限法上の発信者に対する責任制限が認められる場合よりも広く，権利侵害のおそれがあると判断した場合には削除したり，サービスの提供を中止したりできる等規定しておくことにより，削除に応じた場合の発信者からの責任追及のリスクを低減させておくべきである。

2 発信者情報開示請求の実体要件および手続について（概要）

インターネットを通じた権利侵害の特徴として，権利侵害が容易かつ拡大しやすく，被害回復が困難という特徴があるが，権利侵害の発信者を特定して被害を回復するためには，発信者の特定に資する情報（以下「発信者情報」という）を有する可能性が高いプロバイダに対し発信者情報の開示を求めることが，ほぼ唯一の方法であり，発信者情報開示請求を認める必要性が高い。その一方で，発信者情報は，発信者のプライバシーおよび匿名表現の自由，通信の秘密として保護されるべき情報であるから，正当な理由がないにもかかわらず，発信者の意に反して情報開示がされることがあってはならず，プロバイダは当該情報につき守秘義務を負う。

そこで，プロバイダ責任制限法は，上記２つの利益のバランスから，

① 請求をする者の権利が侵害されたことが明らかであり（権利侵害の明白性），

かつ，

② 損害賠償請求権の行使のために必要である場合その他開示を受けるべき正当な理由があること

という２つの要件を満たした場合にのみ，自己の権利を侵害されたとする者に対し，創設的に発信者情報開示請求権を認めることとした。発信者情報開示請求権は裁判上・裁判外を問わず行使することができ，同請求権を認容する確定判決等を債務名義として強制執行をすることもできる。

発信者情報請求の関係をまとめると，次頁の図のとおりであり，その要件および手続については，**第４節**にて詳述する。

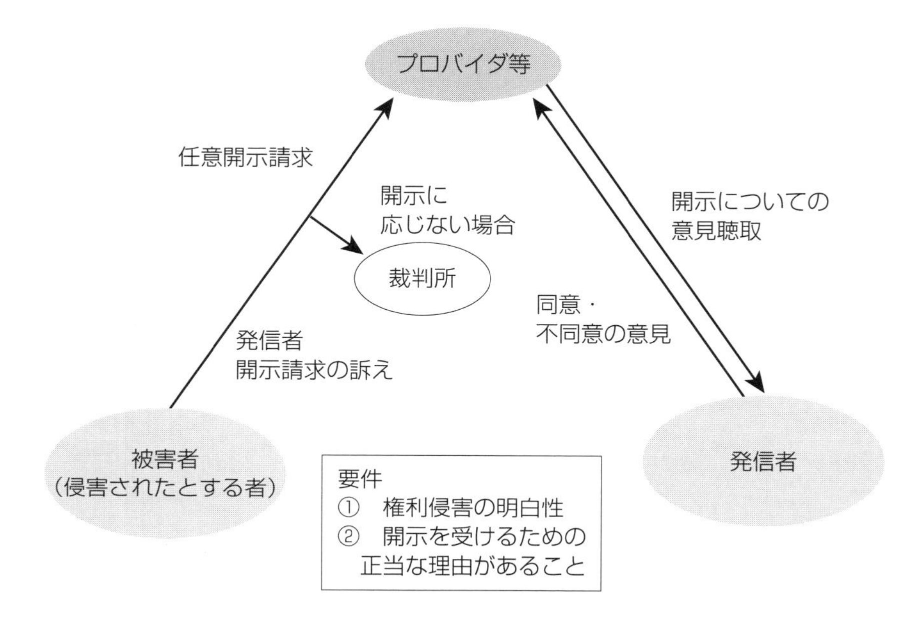
プロバイダ等
任意開示請求
開示に
応じない場合
裁判所
発信者
開示請求の訴え
開示についての
意見聴取
同意・
不同意の意見
被害者
（侵害されたとする者）
発信者
要件
①　権利侵害の明白性
②　開示を受けるための
正当な理由があること

第3節

削除請求（送信防止措置）

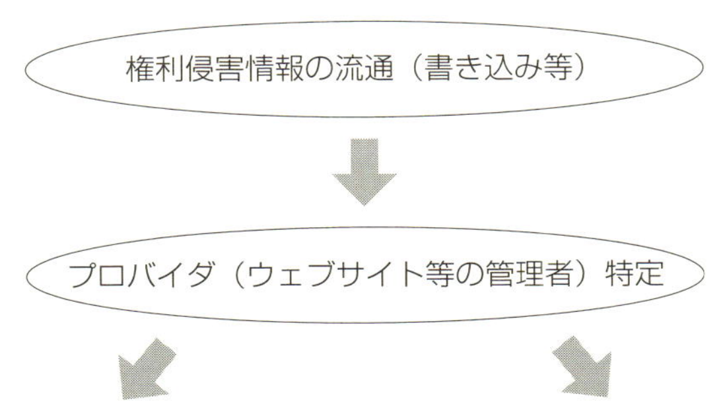

任意の削除請求
- プロバイダごとのフォーム等による削除申請
  or
- プロバイダ責任制限法ガイドラインに基づく請求

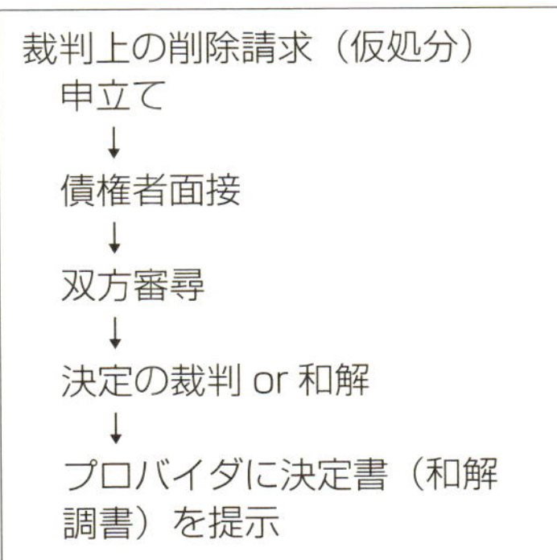

1　任意の削除請求

(1)　プロバイダ責任制限法ガイドラインに基づく請求

プロバイダ責任制限法に基づく損害賠償の制限および発信者情報開示請求の概要については，上記第2節で述べたとおりであるが，これらについて，一般社団法人テレコムサービス協会が「プロバイダ責任制限法ガイドライン」（以下「ガイドライン」という）を策定している。

多くのプロバイダが，ガイドラインに基づき，あるいは参考にして，一定の要件を満たす場合に自主的に削除に応じているのが現状であり，削除請求をする側にとっても，あるいは削除請求に対応する側にとっても，まずはこのガイドラインに沿った対応を検討することが考えられる。

ガイドラインに基づく送信防止措置（削除）請求は，原則として書面により行われる。この際，プロバイダによっては，ガイドラインのフォームに記載のない情報や，本人や確認のための資料の提示が必要となる（会社担当者や代理人による請求の場合には委任状の原本等も必要となる）場合があるので，注意を要する。必要な情報や書類が足りないと書類等の往復に無駄な時間がかかってしまうため，必要な情報や書類等は事前に請求先に確認することが望ましい。

プロバイダは，送信防止措置請求を受領後，発信者に対して投稿の削除の可否を尋ねる。その後７日間（選挙期間中の文書図画については２日間）以内に異議がないか，あるいは合理的な反論がなされない場合には，削除をする場合がある。このように，ガイドラインに基づく任意の削除請求によれば，発信者が削除に異議を述べない場合には，比較的早期に削除できる可能性がある。他方で，プロバイダに対する強制力があるわけではなく，また，プロバイダに発信者に対する連絡手段がなく上記照会ができない場合や，発信者が削除に応じない場合には法的手続により権利侵害が認められない限り削除をしない対応をするプロバイダもあるため，任意に削除するよう求めても，功を奏しないということも多い。

⑵　各ウェブサイト（プロバイダ）ごとの個別の削除対応

ウェブサイトによっては，専用のフォームやメールによる任意の削除を受け付けているところもあるので，当該専用フォームやメールにより削除を求めることが考えられる。

専用のフォームは，ウェブサイトが大量の削除請求を迅速に処理するために設けている場合が通常であるため，ウェブサイトによっては，ガイドラインによる削除請求をした場合でも，専用のフォームによる削除請求をするよう求められる場合があるので，あらかじめ問題となっているウェブサイトに専用のフォームがあるかどうか確認しておくべきであろう。専用フォームを設けている場合には，当該専用フォームによる請求が，最も迅速に削除できる可能性があり，通常コストも安く済むので，まず専用フォームによる請求を検討するとよい。

ただし，削除請求に応じるかどうかは，当該ウェブサイトの判断に委ねられるため，その判断の透明性に欠き，結果の予測可能性が高いとはいえない。また，当該ウェブサイトが大量の削除請求に追われている場合には，任意の対応は後回しにされ，迅速な解決が図れない可能性もある。

2　裁判手続（仮処分手続）による削除請求

任意の削除請求とは異なり，裁判手続による削除請求の場合，強制力をもって投稿等を削除することができる。裁判手続の選択については，理論的には通常訴訟と仮処分が考えられるが，通常訴訟では送達および審理に長期間を要すること，および，削除の仮処分は通常訴訟と同様に削除の効果を得られる仮処分（いわゆる満足的仮処分）であることから，仮処分によるべきである。

(1)　管轄および送達

削除請求は人格権に基づく妨害排除請求であるため，裁判管轄については，仮処分の相手方（債務者）となるプロバイダの本店所在地の他，不法行為の結果発生地（民訴法５条９号）も選択し得る。たとえばインターネットによる名誉毀損については，不法行為の結果発生地が名誉毀損表現により人格権が侵害された場所であり，被害者（債権者）の住所地と主張して，債権者の住所地を管轄する裁判所に仮処分を申し立てることが考えられよう（その場合，当該裁判所に管轄があることについて，あらかじめ上申書を提出して説明をするべきである）。

なお，送達に関しては，２ちゃんねるやGoogleなどのサービスのように海外に本拠を有する企業に対する送達の場合，領事館送達ではなく，簡易の送達方法（国際郵便）による送達を利用しているため，この場合でも仮処分手続が有効であることに変わりはない。しかし，通常，申立書および通知書（東京地裁においては証拠までは必要ないとされることが多いようである）について，債権者の費用において英訳を求められるため，注意を要する。

(2)　申立ての内容等

仮処分手続では，債権者側が被保全権利（権利侵害の存在），保全の必要性（仮処分手続により削除しなければ回復不能な損害が生じること）を疎明する必要がある。

仮処分手続の場合，通常訴訟に比べ，証明の程度が疎明で足りる[4]という違いはあるが，名誉毀損等の成否に関する基本的な論点については同様である。そのため，詳細は後記開示請求に関する**第4節**で述べるが，裁判実務上，名誉毀損の権利侵害を理由とする削除請求の仮処分においては，名誉毀損による権利侵害だけでなく，名誉毀損につき違法性阻却事由等，不法行為の成立を阻却するような事由の存在を窺わせるような事情が存在しないこと（具体的には投稿等の内容が真実ではないこと）についてまで債権者において疎明する必要があるとされていることは注意を要する。また，掲示板の投稿の場合，個別の各投稿について権利侵害性（名誉毀損等）が認められることが必要であり，スレッド全体の削除は原則として認められない。

疎明資料としては，投稿記事の削除を求める場合，各掲示板等の投稿画面のスクリーンショット（または当該ページのプリントアウト）や，当該投稿内容により権利が侵害されていることや当該投稿内容が真実でないこと等を疎明するために被害者（債権者）の陳述書が提出されることが多い。

(3)　債権者面接

申立ての当日から数日後までの間に，裁判所と債権者のみが出席する債権者面接が行われる。この際，裁判所から不足している主張や疎明資料について指

4　裁判において，「証明」とは，合理的な疑いを差し挟まない程度に真実らしいと裁判官に確信を抱かせることをいい，通常訴訟においてはその程度の立証が必要とされる。他方，「疎明」とは，これより低く，裁判官に一応確からしいとの推測を得させることをいう。

摘がなされることもあり，必要に応じて補足する。また，債権者面接において，裁判官から率直に権利侵害性についての心証を示される場合もあるため，この段階で，削除対象の投稿等を，権利侵害性が認められる可能性の高い投稿等に絞ることも考えられる。もっとも，権利侵害性に疑義が生じ得ると思われる投稿等がある場合は，口頭でも権利侵害性について説得的な説明を補足できるよう，あらかじめ準備しておくことが望ましい。

⑷　双方審尋

通常の仮処分手続においては，債務者の言い分を聞くため，債権者面接の後，債務者に申立書の副本を送達すると共に双方審尋期日を設定し，裁判所，債権者および債務者出席のもとで双方審尋が行われる。ただし，２ちゃんねるのように，債務者側が出席しない事例が集積しており，双方審尋期日を設定する意味がないことが裁判所にとってもはや顕著（明らか）である債務者に対する仮処分申立ての場合，申立ての際に無審尋の上申をすることにより，双方審尋を経ることなく，裁判所の判断（決定）がなされることもある。

申立てを認容する決定がなされる場合，裁判所により仮処分命令発令に必要な担保額が決定される。債権者が担保金を供託所に供託した供託証明書を裁判所に提出すると，その翌日または翌々日には仮処分命令が発令される。削除の仮処分命令発令に必要な担保金の額については，削除する投稿等の量にもよるが，現在では，東京地裁では通常30万円から50万円程度で運用がなされているようである。

担保金の返還を受けるためには，仮処分決定書が債務者へ送達された後は，債務者から担保取消の同意を取得するか，あるいは権利行使催告の手続が必要となるため，かなりの長期間返還を受けられないことになる。他方，仮処分決定が債務者へ送達される前であれば，担保金の簡易の取戻しの手続（民事保全規則17条１項）により，債務者の担保取消同意等を要することなく，即座に返還を受けることができる。そのため，２ちゃんねるのように，裁判所の決定を得たことを事実上示しさえすれば削除に応じるプロバイダの場合には，裁判所に対し，債務者への送達を送らせるよう上申を行い，速やかに削除を請求した後に申立てを取り下げることにより，簡易の取戻しの手続による担保金の返還を受ける方が簡便であることが多い。

3　削除請求の仮処分における近時の論点

(1)　検索結果のスニペット等の削除請求

権利侵害情報が複数の掲示板・ブログ等に行われている場合や，当該掲示板やブログ等の運営者が不明である場合等，各ウェブサイトに対して個別に削除請求するのでは，多大な時間および費用がかかるため削除の目的が達せられない場合がある。

一般的に，通常，そのようなウェブサイトにアクセスする場合，検索エンジンで被害者の氏名等をキーワードとして検索することによりたどり着くケースが多いと考えられる。そこで，個別のウェブサイトの運営者ではなく，検索エンジンの提供事業者に対し，検索エンジンの検索結果においてそのようなウェブサイトが表示されないように求めることができないかが問題となる。

この点，下級審の裁判例では，検索エンジンの提供事業者に対して，検索結果として表示されるウェブサイトのタイトル，スニペット[5]およびURLの削除を求めた事件の下級審裁判例として，犯罪報道に関する検索結果や歯科医師の職業に関する検索結果等についてそれぞれ削除を認めた裁判例[6]や，あるいは結論としては否定しつつその余地を認めた裁判例[7]が存在していたが，個別具体的な表示内容次第ではあるものの，スニペットに対する削除請求も認められる余地があると考えられていた。

近時，上記の論点に関する注目すべき最高裁決定[8]が出された。

最高裁は，抗告人であるXが検索エンジンの提供事業者に対して，Xの氏名

5　検索エンジンによる検索結果の一部として表示される，ウェブページの要約文のこと。

6　東京地決平26・10・9判例集未登載，さいたま地決平27・6・25判時2282号78頁，東京地決平27・11・19判例集未登載。

7　大阪高決平27・2・18判例集未登載，東京高決平28・7・12D1- Law28242990（前掲注6・さいたま地決平27・6・25の控訴審）。

8　最決平29・1・31裁判所HP〔平成28年（許）45号〕（前掲注7・東京高決平28・7・12の許可抗告審）。

等の検索結果にXが児童売春を被疑事実として逮捕された事実が表示されることがプライバシーを侵害するとして，人格権ないし人格的利益に基づき，当該検索結果の削除を求めた事案において，プライバシー侵害に基づき検索結果の削除請求を求めることができる場合について，以下のとおり説示し，最高裁としての規範を示した（ただし，結論としては当該事実が公表されない法的利益が優越することが明らかではないとして許可抗告を棄却した）。

【判旨】

「検索事業者が，ある者に関する条件による検索の求めに応じ，その者のプライバシーに属する事実を含む記事等が掲載されたウェブサイトのURL等情報を検索結果の一部として提供する行為が違法となるか否かは，当該事実の性質及び内容，当該URL等情報が提供されることによってその者のプライバシーに属する事実が伝達される範囲とその者が被る具体的被害の程度，その者の社会的地位や影響力，上記記事等の目的や意義，上記記事等が掲載された時の社会的状況とその後の変化，上記記事等において当該事実を記載する必要性など，当該事実を公表されない法的利益と当該URL等情報を検索結果として提供する理由に関する諸事情を比較衡量して判断すべきもので，その結果，当該事実を公表されない法的利益が優越することが明らかな場合には，検索事業者に対し，当該URL等情報を検索結果から削除することを求めることができるものと解するのが相当である。」

上記最高裁決定が事実を公表されない法的利益（プライバシー）と，検索結果を提供する理由に関する諸事情を比較衡量して削除の可否を決するべきとした点は，従来の判例[9]の判断枠組みと大きく異ならない。また，上記最高裁決定によっても，本件で問題となった逮捕の事実などは，何年経過したら，公表されない法的利益が優越するのかも明確にならなかった。

しかし，最高裁として検索結果の削除請求についての規範を明示した点は意

9　最判平６・２・８民集48巻２号149頁，最判平15・３・14民集57巻３号229頁等。

義が大きく，少なくともプライバシー侵害が問題となる事案（多くの事件で問題にすることは可能と考えられる）については，今後，最高裁が示した考慮要素に当てはめて削除請求を行っていくことになろう。

ただし，一方で最高裁が，「当該事実を公表されない法的利益と当該URL等情報を検索結果として提供する理由に関する諸事情を比較衡量した結果，当該事実を公表されない法的利益が優越することが明らかな場合」に削除を求めることができるとしている点は，留意が必要である。

なぜなら，一般的に，最高裁が示した検索結果を提供する理由に関する諸事情を総合的に考慮した結果，事実を公表されない法的利益（プライバシー）が優越することが「明らか」であることを削除請求者側が主張立証することは困難なように思われるところ，今後の裁判において，裁判所が上記最高裁決定の規範を額面どおりに適用すると，検索結果の削除が認められる場合は，相当程度限定的な事例に限られる可能性があるからである。

この「明らかな場合」をどう評価するかも含め，最高裁が示した規範に照らして実際にどのような事例であれば検索結果の削除が認められるかについて，今後の裁判例の集積が待たれる。

(2)　オートコンプリート検索候補表示に対する削除請求

検索エンジンのオートコンプリート検索機能[10]による検索候補表示結果の削除請求が認められるかが問題となった裁判例もある。この論点については，東京地方裁判所において認容判決と棄却判決の2件の裁判例[11]が存在したが，高裁において認容判決が逆転敗訴となり[12]，現時点において裁判所は否定的な判断をしている。高裁において逆転した事件については，現在最高裁に上告中と

10　検索エンジンにおいて，あるキーワードを入力すると，検索キーワードの候補に，当該キーワードと共に検索されることが多いキーワードとの組み合わせの候補が自動的に表示される機能のことをいう。たとえば，検索エンジンで「弁護士」と検索しようと入力したところ，自動的に検索キーワードの組み合わせ候補として「弁護士 相談」等の候補が表示される。

11　東京地判平25・4・15判例集未登載（肯定），東京地判平25・5・30判例集未登載（否定）。

12　東京高判平26・1・17判例集未登載。

のことである。

一般的に，オートコンプリート検索機能による検索結果は，検索数等のアルゴリズムに応じて機械的に表示されるものであることや，キーワードの羅列だけでは，一義的な表現として具体的な権利侵害が認められる可能性は低いことから，認められるハードルは相当程度高いものといえるが，上記最高裁の判断が待たれるところである。

なお，上記裁判例にかかわらず，検索エンジンの運営会社は，自主的な削除請求に全く応じないわけではなく，犯罪行為を想起させる等の一定のネガティブな単語については，請求に応じるケースもある。そのため，このような請求についても，まずは任意の削除請求を試みることが考えられよう。

第4節

発信者情報開示請求

上記で述べたとおり，プロバイダ責任制限法は，被害者の権利救済と通信の秘密という対立する利益のバランスから，権利侵害の明白性，および開示を受けるべき正当な理由という２つの要件を満たした場合にのみ，自己の権利を侵害されたとする者に対し，創設的に発信者情報開示請求権を認めることとした。以下では，具体的な発信者情報開示請求の手続につき概観し，その後，裁判実務で問題となる具体的な論点について検討する。

1　基本的な発信者情報開示請求手続の流れ

最終的に発信者をつきとめ損害賠償等を請求するために，内容証明郵便や裁判手続書類を送付する必要があるところ，そのためには少なくとも発信者の氏名および住所が必要となる。しかし，匿名掲示板等を想像してもらえればよいが，通常，コンテンツプロバイダは，発信者の氏名や住所といった情報を保有していない場合が多く，それらの情報は，発信者との間でインターネット接続サービス提供契約を締結した経由プロバイダが保有している。他方で，経由プロバイダに対して発信者情報の開示を求めようと思っても，どの経由プロバイダを利用して情報発信を行ったのかは，コンテンツプロバイダが保有しているIPアドレス等の情報がなければわからない。

そのため，通常，発信者情報開示請求においては，まず，コンテンツプロバイダに対して，当該発信者による情報発信の日時（タイムスタンプ）や使用したIPアドレス[13]，インターネット接続サービス利用者識別符号[14]といった情報の開示請求を行い（第一次請求），その後，開示されたIPアドレスから割り出された経由プロバイダに対し，氏名や住所の開示を求めるという二段階の手続により発信者情報の開示を受け，最後に当該人物に対し，損害賠償請求等を行うという手続が必要となる。

【図表2－1】発信者情報開示請求手続のフローチャート

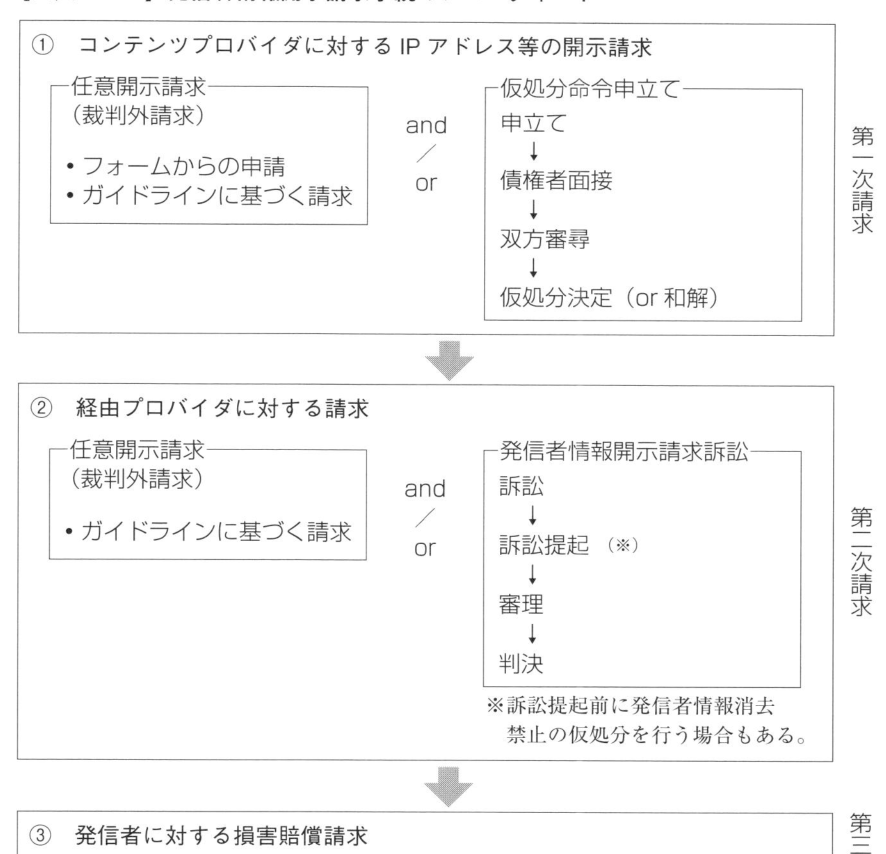

13　インターネット・プロトコル・アドレスの略称であり，インターネットやLAN（ローカルエリアネットワーク）などのIPネットワークに接続された機器などに割り振られる識別番号のことをいう。

2　コンテンツプロバイダ（掲示板等）に対するタイムスタンプ，IPアドレス等の開示請求（第一次請求）

(1)　任意開示請求

コンテンツプロバイダに対しては，削除請求と同様，一般社団法人テレコムサービス協会（TELESA）が作成するガイドラインに沿って，ガイドラインが定める書式（「発信者情報開示依頼書」）により，IPアドレス等の開示を求めることが考えられる。必要な情報や書類等がプロバイダによって異なる場合があるため注意を要することは同様である。

また，掲示板等が専用のフォームを開設したり，独自の手続を定めていたりしている場合（2ちゃんねる等）には，当該専用フォーム等による請求をすることが考えられる。

(2)　IPアドレス等開示の仮処分命令申立て

確実性が高いのは，IPアドレスおよびタイムスタンプ等の発信者情報開示を求める仮処分命令を申し立てることである。

コンテンツプロバイダに対しては，経由プロバイダを特定するに足りる情報，および経由プロバイダに対する発信者情報開示請求において経由プロバイダが当該発信者を特定するために必要となる情報の開示を求めることになる。具体的には，投稿のタイムスタンプ（投稿日時），用いられたIPアドレス，投稿時接続先URL，インターネット接続サービス利用者識別符号等である。

①　管轄および送達

発信者情報開示の仮処分は，削除の仮処分と異なり，管轄地には被告であるプロバイダの住所地となる。ただし，削除請求と併せて申し立てた場合，削除

14　総務省令によれば，概要，携帯電話端末等からのインターネット接続サービスのうち，利用者をインターネットにおいて識別するために，当該サービスを提供する電気通信事業者により割り当てられる文字，番号，記号その他の符号であって，電気通信により送信されるものをいうとされている。各携帯電話事業者がインターネット接続サービス提供契約を締結する際に，個々の契約者ごとに割り当てるものであり，一般的には，当該識別符号がわかれば，直接契約者を特定することが可能である。

請求の管轄地である不法行為の結果発生地も選択し得よう。

送達に関し，匿名掲示板の２ちゃんねるや検索エンジンのGoogleといったサービスのように，海外に本拠を有する企業に対する送達の場合，領事館送達ではなく，簡易の送達方法（国際郵便（EMS））による送達を利用していること，および，証拠を除く申立書および通知書について，債権者の費用において英訳を求められることについては，削除の仮処分手続と同様である。

②　申立ての内容等

発信者情報開示の仮処分手続の被保全権利は，発信者情報開示請求権である。

したがって，発信者情報開示請求権が認められるための要件である，権利侵害の明白性と正当理由の存在をいずれも疎明する必要がある。また，保全の必要性については，通常，経由プロバイダが通信ログを保存している期間が短いため，通常訴訟の手続による判断を待っていては，通信ログが消去されてしまい，損害が回復不可能となることが挙げられる。

発信者情報開示請求で開示を求められる発信者情報は，「当該開示関係役務提供者が保有する当該権利の侵害に係る発信者情報（氏名，住所その他の侵害情報の発信者の特定に資する情報であって総務省令で定めるものをいう。）」であり，具体的には総務省令は，①氏名または名称，②住所，③電子メールアドレス，④IPアドレス，⑤携帯電話端末からのインターネット接続サービス利用者識別符号，⑥SIMカード識別番号のうち，インターネット接続サービスにより送信されたもの，⑦タイムスタンプが規定されている。

コンテンツプロバイダが保有している発信者情報は，コンテンツプロバイダがどのような記録を保存しているかによって異なるが，通常のコンテンツプロバイダは①から③の情報を保存しておらず，⑤および⑥の情報についても，コンテンツプロバイダによっては保存していない情報である。そのため，コンテンツプロバイダに対する請求では，最低限のものとして④IPアドレスおよび⑦タイムスタンプの開示を求め，必要に応じて，⑤携帯電話端末からのインターネット接続サービス利用者識別符号，⑥SIMカード識別番号のうち，インターネット接続サービスにより送信されたものの各情報の開示を求めることになろう。もっとも，⑤および⑥の情報についても，保有していないコンテンツプロバイダがいるため，最低限のものとしては④と⑦の情報ということになる。

要件のうち，「侵害情報の流通によって当該開示の請求をする者の権利が侵害されたことが明らかであるとき」について，「明らか」とは，権利の侵害がなされたことが明白であるという趣旨であり，不法行為等の成立を阻却する事由（違法性阻却事由等）の存在をうかがわせるような事情が存在しないことまでを意味すると解されている。すなわち，たとえば名誉権侵害に基づく場合には，権利侵害を主張する者の側で，摘示にかかる事実が真実でないことまで立証する必要があることに注意する必要がある。

また，「当該発信者情報が当該開示の請求をする者の損害賠償請求権の行使のために必要である場合その他発信者情報の開示を受けるべき正当な理由があるとき」であるが，賠償金が支払済みであり，損害賠償請求権が消滅している場合や，行為の違法性を除く不法行為の要件を明らかに欠いている場合，損害賠償請求を行うことが不可能と認められるような場合には，開示請求者に発信者情報開示を受ける利益が認められず，発信者情報を入手する合理的な必要性を欠くことから，開示請求権を行使することはできない。「正当な理由があるとき」の具体例は，①謝罪広告等の名誉回復措置の請求，②一般民事上，著作権法上の差止請求，および③発信者に対する削除要求等を行う場合等が挙げられる。

③　債権者面接

申立て当日から数日までの間に，裁判所と債権者が出席して債権者面接が行われる。この際，裁判所から，疑問点や，主張および疎明資料の不足等について，指摘がなされることもあり，必要に応じて補充・修正することになる。権利侵害性に疑義が生じ得ると思われる投稿等がある場合には，口頭でも権利侵害性について説得的な説明をできるよう，あらかじめ準備しておくことが望ましいことは，削除請求の場合と同様である。

④　双方審尋

通常の仮処分手続においては，債権者面接後，債務者の言い分を聞くため，申立書の副本を債務者に送達すると共に，双方審尋期日を設定し，裁判所，債権者および債務者出席のもと双方審尋が行われる。ただし，２ちゃんねるのように，債務者側が出席しない事例が集積しており，双方審尋期日を設ける意味がないと考えられる債務者との関係では，申立ての際に無審尋の上申をすることにより，双方審尋を経ることなく，決定がなされることもある。

仮処分発令のために供託する必要がある担保金については，削除する投稿等の量にもよるが，東京地裁では通常10万円から30万円程度で運用がなされているようである。

２ちゃんねるのように，裁判所の決定を得たことを事実上示しさえすれば開示に応じるプロバイダの場合には，裁判所に対し，債務者への送達を送らせるよう上申を行い，発信者情報の開示を受けた後，速やかに申立てを取り下げることにより，簡易の取戻手続による担保金の返還を受ける方が簡便であることが多いことは，削除の場合と同様である。

⑤　意見聴取手続（コンテンツプロバイダによる対応）

プロバイダには，発信者のプライバシーや表現の自由を保護すべき義務があると解されており，発信者情報開示請求により発信者の権利利益が不当に侵害されることのないよう，プロバイダ責任制限法４条２項は，「開示関係役務提供者は，前項の規定による開示の請求を受けたときは，当該開示の請求に係る侵害情報の発信者と連絡することができない場合その他特別の事情がある場合を除き，開示するかどうかについて当該発信者の意見を聴かなければならない。」と規定し，プロバイダに発信者への意見聴取義務を課している。

プロバイダがこの手続を適切に行わず，発信者に損害が生じた場合には債務不履行ないし不法行為責任追及をされることになるため，発信者情報開示請求を受けたプロバイダは，原則として，発信者に対する意見聴取を適時適切に行う必要がある。

具体的には，任意請求・裁判手続を問わず，経由プロバイダに対する発信者情報開示請求が行われた場合に，権利侵害と主張されている投稿等が行われた日時，内容を具体的に特定し，開示に同意するか否かについて，書面やメール等，客観的記録が残る方法により回答を求めるべきである。

ただし，例外として，「当該開示の請求に係る侵害情報の発信者と連絡することができない場合その他特別な事情がある場合」には，経由プロバイダは意見聴取義務を免れる。「連絡することができないとき」とは，客観的に不能な場合を意味し，合理的に期待される手段を尽くせば連絡をとることが可能であったような場合はあたらない。匿名掲示板等のコンテンツプロバイダによっては，投稿等をした者に対する連絡手段を有さない場合が多いと思われるため，そのような場合には意見聴取手続を行う必要はないことになる。

(3) 経由プロバイダへの開示請求（本訴）

① 管　　轄

発信者情報開示請求訴訟の管轄裁判所は，被告の本店所在地を管轄する裁判所であるが，経由プロバイダは，東京に本店所在地がある企業が多いため，東京地方裁判所に審理が集中している。

この点，実務上，経由プロバイダの本店所在地以外の裁判所で訴訟提起を行う方法として，経由プロバイダが裁判外での開示請求に応じなかったことを不作為の不法行為と構成し，併合した不法行為に基づく損害賠償請求（持参債務）の履行地である原告の住所地を管轄する裁判所に訴訟提起をする例が見られる。

自己の本店所在地を管轄する裁判所以外の裁判所で訴訟提起をされた経由プロバイダ側としては，自己の本店所在地を管轄する裁判所への移送の申立てを行うことも考えられる。しかし，移送の申立ておよびそれに伴う意見の応酬に必要となる労力を考えると，遠方の裁判所であっても応訴したうえで，第一回口頭弁論は陳述擬制とし，第二回目の期日以降は弁論準備手続に付し電話会議システムを用いた方法により審理を行うといった対応を行うことで十分であろう。ただし，経由プロバイダの本店所在地を管轄しない裁判所は，発信者情報開示請求訴訟に不慣れな場合があるため，発信者情報開示請求訴訟特有の論点については，より一層，丁寧な説明を心がけるよう留意すべきである。

② 審　　理

第2節2で概要を解説したとおり，発信者情報開示請求権が認められるには，権利侵害の明白性と正当理由が必要となるが，実務上は，これに加えて，そもそも経由プロバイダが発信者情報を「保有」しているかどうかも問題となる。すなわち，ひとくちに発信者情報といっても，経由プロバイダは多数の契約者情報を保有しているため，まず，開示請求者側で，どの契約者に関する情報の開示を求めているのかを明確にしなければ，プロバイダも，どの契約者の情報を開示すればよいのかわからない。

したがって，開示請求者は，発信者情報開示請求権が認められるための要件である①権利侵害の明白性，②正当な理由の存在の前提として，プロバイダによる発信者情報の「保有」についても主張立証しなければならない。

なお，実際の裁判では，上記要件の他にも，開示すべき発信者情報の内容（電子メールアドレスの開示の要否等）や，経由プロバイダの不作為による権利侵害の成否（不法行為に基づく損害賠償請求を求めている場合）等が問題となり得るが，これらの論点についての詳細は，後記(3)で後述する。

③　意見聴取手続（経由プロバイダの対応）

コンテンツプロバイダと同様，経由プロバイダも意見聴取義務を負い，発信者情報開示請求が行われた場合には，原則として，発信者に対する意見聴取を適時適切に行う必要がある。任意請求・裁判手続を問わず，経由プロバイダに対する発信者情報開示請求が行われた場合に，権利侵害と主張されている投稿等が行われた日時，内容を具体的に特定し，開示に同意するか否かについて，書面で回答を求めることになる。

例外として，発信者との連絡が客観的に不能な場合やその他特別な事情がある場合には意見聴取義務を免れることについても同様であるが，合理的に期待される手段を尽くせば連絡をとることが可能であったような場合はあたらないため，たとえば期限を設けて書面回答を求めて期限内に回答がなかった場合にも，電話番号を把握している場合には，書面回答を行うよう促す等の連絡をする必要があるといえよう。

経由プロバイダとしては，発信者の意見を尊重して対応を行う義務があると解されており，意見聴取による結果，発信者が開示に同意しない場合には，開示をしないことが強行法規や公序良俗に反するような場合を除き，開示認容判決がなされない限りは開示に応じないという対応をとる必要があり，訴訟にあたっても，開示請求が認容されないために合理的な訴訟対応を行う必要がある。ただし，発信者の意見を全体として尊重すれば足りるため，発信者が意見聴取の回答と共に大量の資料（たとえば投稿内容が真実であること等に関する資料）を送付してきたような場合にも，合理的な範囲で参考にすればよいと考える。むしろ，意見聴取回答書に当該発信者しか知り得ない内容が含まれていたり，筆跡等の痕跡から，開示請求が認容されるまでもなく発信者が特定されてしまう場合もあり得るため，意見聴取回答書そのものはもちろん，共に送付されてきた資料をどこまで訴訟に顕出するかについては慎重になるべきであろう。

他方，発信者が開示に同意する旨の回答をしてきた場合，経由プロバイダとしては，訴訟外で開示を行い，すでに訴訟提起されている場合には訴えを取り下げるように促すことが考えられる。ただし，発信者情報の開示は発信者のプライバシーに対する重大な侵害になり得るため，この場合も，真に発信者自身による同意なのかを慎重に確認すべき（住所地を共にする者のなりすましの可能性も否定できない）であり，たとえばインターネット接続サービス提供契約時の書面との筆跡を照合する，電話で確認するといった方法により確認を行うことが望ましい。

④　判　　決

権利侵害の明白性を初めとした発信者情報開示請求権の要件をすべて満たすかどうかは，経由プロバイダにおいて判断しづらいものである以上，経由プロバイダにおいて安易に発信者情報の開示に応じることはできない。したがって，経由プロバイダとしては，裁判所が，発信者情報開示請求権が認められると判断したうえでなければ，発信者情報の開示に応じるべきではないし，実務上も，経由プロバイダは，発信者情報を開示する内容の和解に応じないことが通常である。発信者に対する意見照会の結果，発信者が開示に同意した場合は，例外的に裁判上の和解をすることも可能であろうが，実務上は，被告となる経由プロバイダが裁判外で開示を行い，原告が訴えの取下げをすることが一般的であると思われる。

したがって，発信者情報開示請求訴訟は，一般的な訴訟が和解で終わる比率が多いのとは対照的に，原則として判決まで進むことになる。審理の期間であるが，権利侵害の明白性以外に論点がない限り，一般的には，２～３回程度の期日で結審し，判決となることが多い。

開示請求を認容する判決が下され，確定すれば，経由プロバイダは，判決で開示するよう命じられた発信者情報を，開示請求者に開示することになる。具体的な開示方法としては，発信者情報が記載された発信者情報開示書を作成し，開示請求者（通常は代理人）に送付する方法が一般的である。

また，意見照会を行った発信者は，自身の情報が開示されるかどうかに強い関心を抱いていることが通常である。そのため，開示請求者に発信者情報開示書を送付する前，あるいは同じタイミングで，意見照会を行った発信者に対しても，発信者情報開示請求訴訟の結果，裁判所から，発信者情報を開示するよう命じる内容の判決が下されたため，発信者の情報を開示請求者に対し開示する旨を連絡しておくべきである。

(4)　開示請求において問題となる論点

①　発信者情報の特定

(a)　プロバイダによる発信者情報の「保有」の要件

経由プロバイダは，通常，投稿の内容自体を知り得ないため，経由プロバイダに対し，「○○の掲示板で○○の投稿を行った発信者の情報を開示せよ」と求めても，経由プロバイダが発信者を特定することはできない。そこで，経由プロバイダに対し開示を求める発信者情報を特定するためには，発信者情報の開示を求める側が，コンテンツプロバイダから開示を受けた投稿日時や，IPアドレス，インターネット接続サービス利用者識別符号等の外形的な情報を経由プロバイダに対し提供し，経由プロバイダに対し発信者情報の保有の調査を求めることになる。プロバイダ責任制限法の要件で言えば，経由プロバイダが発信者情報を「保有」している事実については，発信者情報の開示を求める側が主張立証しなければならないということを意味する。

経由プロバイダは，提供を受けた投稿日時やIPアドレスから通信記録を特定する方法や，インターネット接続サービス利用者識別符号から当該識別符号を割り当てられた契約者を直接特定する方法により，発信者情報の「保有」の有無を調査することになる。

常時接続型のインターネット接続サービスの場合，通常，通信を開始（インターネットに接続）してから切断するまで，同一の利用者が同一のIPアドレスを使用するため，投稿日時とIPアドレスの２点の情報のみで発信者を特定できる場合が多い。

他方，携帯電話等のモバイル通信の場合，IPアドレスの枯渇を防ぐため，複数の利用者に対し，極めて短い時間に同一のIPアドレスを割り当てている場合があり，秒単位で記録される投稿日時とIPアドレスだけでは，複数の利用者

（契約者）が特定されてしまう場合がある。

そのため，このようなサービスを提供している経由プロバイダに対しては，投稿日時とIPアドレスの２点の情報に加え，投稿時接続先ＵＲＬ等の他の情報により発信者の情報を特定する必要がある。実務上，発信者情報の開示を請求する側から，他の経由プロバイダでは投稿日時とIPアドレスの２点の情報だけで発信者情報を特定できたから，この経由プロバイダでも２点のみで特定できるはずであるとの主張がなされることがあるが，経由プロバイダごとに保存している情報や，特定のために必要な情報が異なることはあり得ることであるから，何ら意味のない主張といえる。上述したとおり，経由プロバイダが発信者情報を「保有」している事実については，発信者情報の開示を求める側が主張立証しなければならないと解されており，発信者情報の開示を求める側で提示する情報が誤っている，あるいは不十分である等の理由により，経由プロバイダにおいて発信者情報が特定できなかった場合には，実務上は，原告側で自主的に，あるいは裁判所の勧告を受けて，訴えの取下げを行うことが多い。

(b)　「発信者情報」の意義

(i)　ブログやTwitterのログイン情報

開示請求訴訟において，開示請求の対象となる「発信者情報」が，権利侵害情報そのものの発信者に限定されているかが争われることもある。

たとえば，TwitterやFacebook等については，技術的に個別の投稿についての発信者特定が困難な場合があるため，これらの投稿がなされていたアカウントにログインした際の通信の発信者が，これらの個別の投稿をした可能性が高いとの前提のもと，アカウントにログインした際の通信の発信者情報の開示が求められる場合がある。しかし，これらアカウントにログインした際の通信は，権利侵害情報そのものではないから，プロバイダ責任制限法が開示の対象としている「当該権利の侵害に係る発信者情報」とはいえないのではないか，という問題である。

この点，Twitter上で誹謗中傷がなされていたため，当該Twitterアカウントにログインした際の通信の発信者情報の開示が請求された事案について，裁判例[15]は，下記のとおり判示して，当該Twitterアカウントにログインした際の通信の発信者情報は，権利侵害情報の発信者の特定に資する情報であり，プロバイダ責任制限法４条１項の開示請求の対象である「当該権利の侵害に係る発信者情報」にあたると認めるのが相当であるとした。

【判旨】

「法４条１項が開示請求の対象としているのは「当該権利の侵害に係る発信者情報」であり，この文言および特定電気通信を用いて行われた加害者不明の権利侵害行為の被害者の当該加害者に対する正当な権利行使の可能性の確保と，発信者の表現の自由及びプライバシーの確保，これに伴い役務提供者が契約者に対して有する守秘義務等の間の調整を図る法の趣旨に照らすと，開示請求の対象が当該権利の侵害情報の発信そのものの発信者情報に限定されているとまでいうことはできない。また，同項は，「当該権利の侵害に係る発信者情報」について「氏名，住所その他の侵害情報の発信者の特定に資する情報であって総務省令で定めるもの」としてその内容を総務省令に委任している。そして，同総務省令は，これを「発信者その他侵害情報の送信に係る者の氏名又は名称」，「発信者その他侵害情報の送信に係る者の住所」および「発信者の電子メールアドレス（電子メールの利用者を識別するための文字，番号，記号その他の符号をいう。）」と定義しているが，上記委任の趣旨に照らすと，上記総務省令によって，法４条１項に規定する「当該権利の侵害に係る発信者情報」が「氏名，住所その他の侵害情報の発信者の特定に資する情報」であることが左右されるものとはいえない。加えて，ツイッターは，利用者がアカウントおよびパスワードを入力することによりログインしなければ利用できないサービスであることに照らすと，ログインするのは当該アカウント使用者である蓋然性が認められるというべきである。」

当該裁判例が「加えて，ツイッターは，利用者がアカウントおよびパスワードを入力することによりログインしなければ利用できないサービスであることに照らすと，ログインするのは当該アカウント使用者である蓋然性が認められ

15　東京高判平26・５・28判時2233号113頁。

るというべきである。」と判示しているように，裁判例がログイン情報の発信者の開示を認めた前提として，Twitter等のような，ログインIDやパスワードにより個別のアカウントが個別の人物に紐づく仕組みを取るサービスについては，当該アカウントにログインした際の通信の発信者が，当該アカウントにより投稿された権利侵害情報の発信者である蓋然性が高いことが挙げられる。

このような考え方は，TwitterやFacebookのようなSNSサービスに限らず，権利侵害情報そのものの発信者情報とはいえなくとも権利侵害情報の発信者と同一である蓋然性が高いといえるケース全般に妥当し得ると考えられる。そのため，技術的な理由等により，権利侵害情報の発信者そのものの特定が困難な場合でも，開示請求者側としては，当該裁判例を引用し，権利侵害情報の発信者と同一である蓋然性が高いと認められる発信者の情報について，権利侵害情報の発信者の特定に資する情報であると主張し，開示を求めることが考えられよう。

他方，経由プロバイダ側としては，ログイン情報等の発信者が，権利侵害情報そのものの発信者と同一であるとは言い難い事情を主張立証することにより争うことになろう。たとえば，１つのアカウントにログインIDとパスワードが設定されていたとしても，それらのログインIDとパスワードが複数人で共有されていた等の特別な事情がある場合には，ログイン情報の発信者が当該権利侵害情報を流通に置いたものと同一である蓋然性があるとは言い難く，ログイン情報の発信者が権利侵害情報の発信者の特定に資する情報であるとは認められないというべきである。

また，氏名不詳者によって，Facebookに投稿された各記事により，名誉等の人格権を侵害されたとして，Facebookの運営会社から開示されたIPアドレスの保有者Ｙに対し，プロバイダ責任制限法４条１項に基づき，情報の開示を求めた事案において，「同法４条１項にいう発信者情報とは，侵害情報を流通することとなった特定電気通信の過程において把握される発信者等に関する情報であるから，仮に本件各記事を投稿した者と本件アカウントにログインした人物が同一人物であったとしても，本件各情報は，法４条１項にいう発信者情報には当たらない」として，請求を棄却した裁判例[16]もあり，当該論点について，確立した判例があるとはいえない状況にある。

したがって，経由プロバイダとしては，このような裁判例に依拠し，プロバイダ責任制限法および総務省令で定める情報以外の情報は，発信者の特定に資する情報とはいえず，開示の対象にならないと主張することが考えられる。

(ii)　**携帯端末の当初購入者**

携帯端末の当初購入者の情報が，プロバイダ責任制限法にいう権利侵害情報の「発信者情報」であるといえるかについて争われた裁判例もある。この点，当初の購入者が，発信者であるか，当該端末機の所有者である可能性が極めて高いと認定して，これに反する特段の事情がない限り，当該端末機の当初の購入者も「その他侵害情報の送信に係る者」に該当し，その氏名等が「発信者情報」に該当すると判示した裁判例[17]がある。

他方，その後に出された裁判例[18]は，下記のとおり判示して，携帯端末の当初購入者の情報は，権利侵害に係る発信者情報とはいえないとし，請求を棄却した。

【判旨】

「前記前提事実によれば，①本件端末のSIMロックがされていたとしても，被告のSIMカードを保有する者が本件端末の譲渡を受けてこれを使用することは可能であったこと，②平成22年度に不用となった携帯電話のうち約157万台については再利用がされた可能性があり，携帯電話端末機の再利用についても一定のニーズが存在していたことがそれぞれ認められ，これらの点に鑑みれば，本件端末の最初の購入者が本件端末を譲渡するなどして既に本件端末の利用者ではなくなり，本件端末の最初の購入者と本件発信者との間に齟齬が生じていた可能性も一定程度認められるものというべきである。

以上に加え，侵害情報の発信者の特定に資する情報は，当該情報に係る者のプライバシー，表現の自由及び通信の秘密といった重大な権利利益に関わるものであり，その開示の要件の解釈は厳格にされる必要であ

16　東京地判平27・３・27LLI/DBL07030244。
17　東京地判平20・８・22LLI/DBL06332324。
18　東京地判平26・12・15LLI/DBL06930808。

ること，本件省令については，本件省令改正により，プロバイダ責任制限法４条１項の発信者情報として，携帯電話事業者等に対する発信者情報の開示請求により発信者の特定をする手がかりとなる情報が追加されているところ，その内容は，侵害情報に係る携帯電話端末等からのインターネット接続サービス利用者識別符号（５号），侵害情報に係るSIMカード識別番号のうちインターネット接続サービスにより送信されたもの（６号）及びこれらに係るタイムスタンプ（７号）という問題となる通信の利用者を確実に識別することができ，侵害情報の発信者の正確な特定に資すると考えられる情報に限定されていること（甲13）などの点をも踏まえれば，上記のとおり，本件端末の最初の購入者と本件発信者との間に齟齬が生じていた可能性が一定程度認められるにも関わらず，本件情報が発信者情報に該当するものとして，その開示を認めることは相当ではないものというべきである。」

携帯端末の中古市場が存在し，同一の携帯端末が複数の人物により利用されることが珍しくない昨今においては，携帯端末の当初購入者と発信者が一致する蓋然性は高いとまでは言い難く，携帯端末の当初購入者の情報が，権利侵害情報の発信者の特定に資する情報であるとは認められないと考えられる。したがって，否定した裁判例の判断が妥当であるといえよう。

②　権利侵害の明白性

発信者情報開示請求権が認められるためには，開示請求者側は，権利侵害の明白性，典型的には，投稿等による権利侵害の流通により，開示請求者に対する名誉毀損やプライバシー侵害が成立することが明白であることを主張立証しなければならない。

実務上最も問題となることが多いと思われる権利侵害は，名誉毀損であると思われるが，インターネット上の名誉毀損の成否は，従来議論されてきた一般的な名誉毀損の成否の判断基準と大きくは異ならない。そのため，過去の裁判例や学説で蓄積された名誉毀損の成否に関する考え方が参考になる。

(a)　一般読者基準

インターネット上の表現の権利侵害性を検討する場合，どのような範囲の読者を基準としてその意味内容を解釈し，名誉毀損の成否を検討することになるのであろうか。この点，最高裁判例[19]は，ある自治会が「大掛りな麻薬団の本拠」等と日刊新聞に報じられた事例につき，「名誉を毀損するとは，人の社会的評価を傷つけることに他ならない。それ故，所論新聞記事がたとえ精読すれば別個の意味に解されないとしても，いやしくも一般読者の普通の注意と読み方を基準として解釈した意味内容に従う場合，その記事が事実に反し名誉を毀損するものと認められる以上，これをもって名誉毀損の記事と目すべきことは当然である。」として，「一般読者の普通の注意と読み方」を基準として意味内容を解釈すべきことを明らかにしている。

そして，インターネット上の投稿の名誉毀損が問題となった近時の最高裁判例[20]も，傍論であるが，「ある記事の意味内容が他人の社会的評価を低下させるものであるかどうかは，一般の読者の普通の注意と読み方を基準として判断すべきものである」と判示して，インターネット上の名誉毀損においても，基本的に一般読者基準が妥当することを明らかにしている。

もっとも，一般に広く公開されているというインターネットの特殊性により，インターネット上の一般読者の範囲が，具体的に争われる事例も見られる。

たとえば，中野区のまちづくりのための掲示板における投稿の発信者情報の開示が請求された事案について，経由プロバイダ側は，「本件１-②の記事は，「Ｃ議員」と記載されているだけで，「幹事長」とすら記載されておらず，同記事から読み取れるのは，中野区議会議員でイニシャルが「Ｃ」であることだけであるから，「Ｃ議員」が原告であることは，一般の読者の普通の注意と読み方によっては特定することができない」「本件掲示板の一般の閲覧者は，普通，本件掲示板の記載を全部読むとは限らない」との趣旨の主張を行った。これに対し，裁判例[21]は，以下のとおり判示し，一般読者の範囲は，「中野区政に関心を持つ不特定多数の者」であるとして，経由プロバイダの主張を排斥した。

19　最判昭31・７・20民集10巻８号1059頁。
20　最判平24・３・23判タ1369号121頁。
21　東京地判平20・10・27ウエストロー2008WLJPCA10278001。

【判旨】

「あえてインターネットの掲示板を見ようと思って，これを開く以上，文章の意味を理解しようとして読むのが普通であり，特定人を匿名表記して批判，非難する文章であることを理解しつつ，その文章をあえて読もうとする者は，普通，それが誰かを知ろうとして，前後の文章を拾い読みするのが普通であると解される。中野区政に関心をもつ不特定多数の者が閲覧する本件掲示板の性質に鑑みれば，「C議員」とは誰のことだろうかと関心を持った者が他の記事を拾い読みすることは容易に考えられるところであり，別紙3の本件掲示板の記載を通覧すると，普通の読者の注意と読み方をもってすれば，「C議員」が原告を指すことは容易に理解することができることが明らかである。そうすると，本件記事中の「C議員」が原告を指すことは特定されるといわざるを得ないのであり，同被告の上記主張は採用することができない。」

また，インターネットにおいて，研究者の論文にする告発文書が公開された事例において，下記のとおり判示し，インターネットにアクセス可能な者すべてが閲覧することが可能であることを理由に，研究者に限定されない一般の読者の普通の読み方が基準となると判示した裁判例[22]がある。

【判旨】

「本件各記事は，本件ホームページ上にリンクが貼られた本件各告発文の一部であり，インターネットにアクセス可能な者全てが閲覧することのできる文書である（前記前提事実(5)）から，その内容が事実を摘示するものであるか，意見ないし論評の表明であるかの区別についても，研究者に限定されない一般の読者の普通の読み方が基準となる。そして，本件各記事は，いずれも，「この論文には捏造ないし改竄があると断定せざるを得ません。」という記述があるものであるところ，一般の読者の普

22　仙台高判平27・2・17LLI/DBL07020061。

> 通の注意と読み方を基準として，その文言の通常の意味に従って理解した場合に，論文のねつ造ないし改ざんという証拠等をもってその存否を決することが可能な他人に関する特定の事項を主張していることは明らかであるから，本件各記事は事実を摘示するものである。」

これらの裁判例からすると，一般に広く公開されているインターネットにおいても，その対象としている利用者層を基準として，一般読者の範囲を画定していくことが妥当である。

(b)　同定可能性

インターネット上の投稿等は，イニシャル表記や，氏名・会社名を明記しない婉曲的な表現が使用されたりすることもあり，そもそも，当該投稿等において話題となっている人物あるいは会社等を特定することができるのかという，いわゆる同定可能性の問題が生じやすい。

この点，いわゆる「石に泳ぐ魚」事件の最高裁判例[23]が，その原審[24]の「原告と面識がある者又は右に摘示した原告の属性の幾つかを知る者が本件小説を読んだ場合，かかる読者にとって，「朴里花」と原告とを同定することは容易に可能である。」との判断を是認していることを根拠に，判断の基礎を誰に置くのかと，権利侵害の明白性の有無の判断をどのような基準で行うかは別個の問題であり，前者には一般読者基準が妥当しないとの見解がある。

しかし，当該裁判例はプライバシー侵害の基準には妥当するとしても，社会的評価の低下を問題にする名誉毀損における判断基準において，当該裁判例がそのまま妥当するかどうかについては疑問なしとしない。同定可能性についても，一般読者基準が妥当すると考え，個別具体的な利用者層を基準にして確定された一般読者にとって，対象となっている人物が同定可能かどうかを判断するべきではないだろうか。

また，仮に，上記「石に泳ぐ魚」事件の裁判例と同様に，原告と面識がある

23　最判平14・９・24判時1802号60頁等。

24　東京地判平11・６・22判時1691号91頁。

者や原告の属性の幾つかを知る者にとって同定可能であればよいとの考えをとるにしても，当該原告と面識がある者や属性の幾つかを知る者という限られた範囲でしか同定可能とはいえない場合には，不法行為の成立を肯定し得るほどの社会的評価が低下しているとはいえないと主張する余地もあろう。

(c)　前後の投稿の文脈の考慮

インターネット上の表現は，ある独立した表現というよりも，一連の投稿の流れの中でなされた表現が問題となることが多い。そのため，ある表現が開示請求者の権利を侵害するか否かを判断するにあたり，前後に行われた投稿を考慮してよいかが問題となる。

この点，最高裁[25]は，「気違い」という表現が名誉感情侵害の不法行為となるかについては，スレッドの他の投稿の内容，投稿がされた経緯等を考慮しなければ判断できないとしており，傍論ながら，名誉毀損や名誉感情侵害の判断において，他の投稿を考慮する余地を認める趣旨の判示をした。

この点，「本件投稿は本件スレッドの中でされたものである以上，それ単体ではなく，本件スレッド全体の文脈の中でどのような意味に受け取るのが通常かを，全体的・客観的に考察するのが相当である。(中略)（なお，当該投稿よりも新しい投稿と合わせ読んで判断することが不当であるとの被告……の主張は独自のものであり，採用することができない。)」と判断しており，当該投稿単体ではなく，スレッド内の他の投稿を含め，全体的・客観的に考察すべきであるとした裁判例[26]がある。

当該裁判例が投稿者の投稿時には存在しなかった投稿も含めて権利侵害性を判断すべきとしている点は疑問なしとしないが，このような判断がなされることも実務上あり得ることは参考になる。その投稿だけでは権利侵害の成立が確実とはいえない場合には，上記裁判例に依拠し，当該投稿よりも新しい投稿と合わせ読んで判断すべきと主張することが考えられよう。

(d)　インターネットにおける表現の特性と社会的評価の低下の有無

インターネット上に流通している情報の価値は千差万別であり，たとえば匿

25　最判平22・4・13民集64巻3号155頁。
26　東京地判平25・4・22判例集未登載。

名掲示板では，匿名であることから自己の投稿についての責任感が希薄になりがちであり，根拠について十分な吟味がされることなく投稿がなされてしまうケースが少なくないと思われる。

そのようなインターネット掲示板の情報が，一般的な媒体と比較して信用性が低いといえるかが問題となるが，最高裁決定[27]は，「一市民として，インターネットの個人利用者に対して要求される水準を満たす調査を行った上で，本件表現行為を行っており，インターネットの発達に伴って表現行為を取り巻く環境が変化していることを考慮すれば，被告人が摘示した事実を真実と信じたことについては相当の理由があると解すべきであって，被告人には名誉毀損罪は成立しない」との主張に対し，下記のとおり判示して，このような考え方を否定した。

ただし，「個人利用者がインターネット上に掲載したものであるからといって，おしなべて，閲覧者において信頼性の低い情報として受け取るとは限らないのであって，相当の理由の存否を判断するに際し，これを一律に，個人が他の表現手段を利用した場合と区別して考えるべき根拠はない。」という判示部分の，特に「これを一律に」という表現に着目すれば，インターネット上の表現であることをもって一律に信頼性が低いとするべきではないものの，媒体の特性を考慮して権利侵害の有無を判断すべきとも考えていると読むことができ，媒体の特性が社会的評価の低下に影響し得る余地を残していると考えられる。

したがって，仮に書き込み等が行われた掲示板等が，根も葉もない噂ばかり書かれることで有名な掲示板等である等といった場合には，一般読者の普通の注意と読み方を基準として，その表現内容について信頼性の低い情報として受け取るといえる余地もあるのではないだろうか。

【判旨】

「個人利用者がインターネット上に掲載したものであるからといって，おしなべて，閲覧者において信頼性の低い情報として受け取るとは限らないのであって，相当の理由の存否を判断するに際し，これを一律に，

27　最決平22・3・15刑集64巻2号1頁。

個人が他の表現手段を利用した場合と区別して考えるべき根拠はない。そして，インターネット上に載せた情報は，不特定多数のインターネット利用者が瞬時に閲覧可能であり，これによる名誉毀損の被害は時として深刻なものとなり得ること，一度損なわれた名誉の回復は容易ではなく，インターネット上での反論によって十分にその回復が図られる保証があるわけでもないことなどを考慮すると，インターネットの個人利用者による表現行為の場合においても，他の場合と同様に，行為者が摘示した事実を真実であると誤信したことについて，確実な資料，根拠に照らして相当の理由があると認められるときに限り，名誉毀損罪は成立しないものと解するのが相当であって，より緩やかな要件で同罪の成立を否定すべきものとは解されない（最高裁昭和41年（あ）第2472号同44年６月25日大法廷判決・刑集23巻７号975頁参照）。」

③　不法行為等の成立を阻却する事由の存在をうかがわせる事情がないこと

プロバイダ責任制限法第４条１項の「侵害情報の流通によって当該開示の請求をする者の権利が侵害されたことが明らかであるとき」とは，問題とされた情報の流通によって権利の侵害なされたことが明白であり，かつ，不法行為等の成立を阻却する事由の存在をうかがわせるような事情が存在しないことまでを意味し，開示請求者側は，「不法行為等の成立を阻却する事由の存在をうかがわせるような事情が存在しないこと」についても，原則として主張立証をする必要があると解されている[28]。

「不法行為等の成立を阻却する事由」として実務上問題となるケースの多くは，違法性阻却事由である。最高裁判例[29]によれば，一般的に，名誉毀損の違法性阻却事由は，ある事実を摘示することにより他人の名誉を毀損した場合

28　総務省総合通信基盤局消費者行政課著『改訂増補版 プロバイダ責任制限法』（第一法規，2014年）65頁～66頁。

29　最判昭41・6・23民集20巻5号1118頁，最判平9・9・9民集51巻8号3804頁。

（事実摘示型）と，ある事実を基礎としての意見ないし論評の表明により他人の名誉を毀損した場合（意見表明型）で異なるとされ，事実摘示型の名誉毀損の場合には，下記の要件を満たせば，違法性が阻却されると解されている。

① 摘示した事実が真実であり，または真実であると信ずるに足りる相当の理由があったこと（真実相当性）
② 摘示した事実が公共の利害に関するものであること（公共性）
③ 専ら公益を図る目的であったこと（公益目的）

他方，意見表明型の名誉毀損の場合には，上記②および③については共通であるが，①の要件が下記のとおり修正される。

①′ 意見ないし論評の前提としている事実が重要な部分において真実であることの証明があったとき，または事実が真実であると信じるについて相当の理由があるときで，かつ，人身攻撃に及ぶなど意見ないし論評としての域を逸脱したものでないこと

「不法行為等の成立を阻却する事由の存在をうかがわせるような事情が存在しないこと」を開示請求者側が立証することは，悪魔の証明であり，不可能であるとの批判がなされることがある。しかし，実務上，投稿の当事者ではない経由プロバイダが反証できる範囲には限界があるため，開示請求者側により，陳述書その他の証拠により，ある程度の証明がなされれば，裁判所は，「不法行為等の成立を阻却する事由の存在をうかがわせるような事情が存在しない」と評価することが多いように思われる。

なお，「不法行為等の成立を阻却する事由」の意義に関し，プロバイダ責任制限法の文言上は，「権利侵害」のみを要件としているように読めるため，開示請求者において主観的要件に係る阻却事由についてまでは立証する必要がないとする見解がある。

たとえば，「事実を真実と信ずるについて相当な理由があるときには，当該行為には，故意又は過失がなく，不法行為の成立が否定されると解されている

が，このような主観的要件に係る阻却事由については，発信者情報開示請求訴訟における原告（被害者）において，その不存在についての主張，立証をするまでの必要性は無いものと解すべきである。」として，発信者の主観的要件に係る阻却事由についてまでは立証する必要がないとした裁判例[30]がある。

開示請求者側が，状況証拠から（未だ不明な）発信者の主観について主張立証することは困難であるから，開示請求者側としては，上記裁判例を引用し，主観的要件の主張立証は不要と主張することになろう。

他方，プロバイダ側としては，逐条解説（改訂増補版プロバイダ責任制限法）に「不法行為等の成立を阻却する事由の存在をうかがわせるような事情が存在しないこと」とあることに依拠し，主観的要件も含めて開示請求者側がその不存在を主張立証すべき，と主張することが考えられる。

なお，「主観的要件に係る阻却事由についてまで立証する必要がない」といっても，権利侵害が認められ，かつ，違法性阻却事由が存在するような事情がないことを立証さえすれば，主観的要件にもかかわらず，発信者情報開示請求権が認められるわけではないと解される。発信者情報開示請求権は，あくまで発信者に対し損害賠償請求等の権利行使をするための権利であり，明らかに発信者に故意過失が認められない場合等，不法行為が成立する余地がない場合にまで発信者情報の開示を認める必要はないからである。

④　正当理由

「発信者情報の開示を受けるべき正当な理由があるとき」とは，発信者情報開示請求権の要件として，開示請求者が発信者情報を入手することの合理的な必要性が認められることを意味する。この必要性の判断には，開示請求を認めることにより制約される発信者の利益（プライバシー等）を考慮した「相当性」の判断を含むものと解されている[31]。

正当な理由があるときの具体例としては，謝罪広告等の名誉回復措置の請求，一般民事上，著作権法上の差止請求，発信者に対する削除要求等を行う場合が挙げられている。

30　東京地判平15・3・31判時1817号84頁。

31　総務省総合通信基盤局消費者行政課著『改訂増補版 プロバイダ責任制限法』（第一法規，2014年）67頁～68頁。

他方，不当な自力救済等を目的とする開示請求権の濫用のおそれがある場合や，賠償金が支払済みであり，損害賠償請求権が消滅している場合，行為の違法性を除く不法行為の要件を明らかに欠いており，損害賠償請求を行うことが不可能と認められるような場合には，開示請求者に発信者情報の開示を受けるべき利益が認められず，発信者情報を入手する合理的な必要性を欠くことから，本条の開示請求権を行使することができないとされている。

実務上，正当な理由の有無が争われるケースはそう多くはないが，発信者に対する意見照会の結果，たとえば開示請求者が，発信者情報が開示された後に発信者に対し，正当な権利の行使を逸脱した行為に及ぶ可能性が高いという事情や，すでに和解済みである等の事情が判明した場合には，プロバイダ側は，発信者情報の開示を受けるべき正当な理由がないと主張して，請求棄却を求めることになろう。

3　社会的評価の低下についての表現類型別の検討

上述したとおり，発信者情報開示請求における主要な論点は権利侵害の明白性であり，その中でも最も論点となりやすいものは，名誉毀損における社会的評価の低下の有無についてである。以下では，社会的評価の低下が認められやすい表現，あるいは認められにくい表現はどのようなものかについて，表現の類型別に裁判例を分析してみたい。

(1)　社会的評価の低下が明らかな表現類型

①　犯罪に関わっている

一般的に，名誉とは，人の品性，徳行，名声，信用等の人格的価値について社会から受ける客観的な社会的評価のことであると解されている[32]。対象者が犯罪行為，たとえば，談合行為，詐欺，相場操縦等の行為を行っているという表現が，対象者の社会的評価を低下させ，名誉を毀損することは論を待たないといえよう。

32　最判平9・5・27民集51巻5号2024頁等。

たとえば，対象者が折り込みチラシを持ち去ったことが窃盗に該当し，刑事告訴の対象になる等の記載について，社会的評価を低下させることが明らかとした裁判例[33]がある。

犯罪行為の疑惑については，個別具体的な表現内容の検討が必要になると思われるが，相当程度の疑惑が摘示されていれば，社会的評価の低下が認められると考えられよう。

また，前科・前歴といった事実についても，一般的に対象者の名誉を毀損する程度の社会的評価の低下が認められるといえる（また，同時にプライバシー侵害も成立すると考えられる）。

ただし，判罪行為等の事実摘示については，社会的評価を低下させると同時に，当該事実を公表することについて，一般的に公共性および公益目的が認められる。したがって，当該摘示した事実が真実であるか，あるいは真実と信ずるに足りる相当な理由がある場合には，違法性阻却事由が存在することになる。そのため，犯罪行為をしているという表現については，違法性阻却事由の存在をうかがわせるような事情が存在しないこと，具体的にはそのような事実がないことについて，開示請求者側があらかじめ主張立証しなければならないことについては留意する必要がある。

②　反社会的勢力と関わりがある

暴力団員による不当な行為の防止等に関する法律や反社会的勢力の排除に関する条例が整備された現代社会においては，いわゆる反社会的勢力に対する社会の否定的評価は強く，反社会的勢力との関わりが摘示されていれば，対象者の名誉を毀損する程度の社会的評価の低下が認められると言ってよいであろう。

たとえば，対象者が暴力団員であるとの趣旨の摘示が名誉毀損であるとした裁判例[34]があるほか，公的地位にある者や企業が反社会的勢力である暴力団関係者と交際関係を有することは社会的に強く非難されるものであるとして，このような事実の摘示は，社会的評価を低下させるとした裁判例[35]がある。

33　最判平24・3・23判タ1369号121頁。

34　東京地判平26・12・4ウエストロー2014WLJPCA12048002。

35　東京地判平27・5・7ウエストロー2015WLJPCA05268016。

③　不倫，浮気等の事実

不倫は犯罪ではないものの，不貞行為として配偶者に対する不法行為となり得るものであるし，不倫に対する社会の否定的評価は強いといえるから，不倫の事実の摘示については，対象者の名誉を毀損する程度の社会的評価の低下が認められると言ってよい。配偶者がいないとしても，社会通念上，複数人と交際している事実が発覚すると，対象者の名誉を毀損する程度の社会的の低下が認められるであろうから，浮気の事実の適示についても同様と考えられる。

④　その他企業等に関する否定的な事実を指摘するもの

後述する純粋な意見にとどまるケースとの区別が難しい場合もあるが，対象者に対する否定的な事実を指摘する表現については，一般に対象者に対する社会的評価を低下させ，名誉を毀損させると認められやすい。

たとえば，いわゆるセクハラやパワハラが横行しており職場環境に問題があるという内容の表現は，セクハラやパワハラが民法上違法な行為であり，そのような従業員がいるにも関わらず会社が放置しているような否定的な印象を与えるものといえる。したがって，単なる意見にとどまらずに，そのような事実を具体的に指摘するものは，社会的評価を低下させ，名誉を毀損するものと言ってよい。この点に関し，近時よく使用される「ブラック企業」という表現は，「適法な労務管理が行われていない会社」であるとか，対象者が従業員に対し，労働法その他の法令に抵触し，またはその可能性がある条件で労働を強いるなどの違法または不相当な労働を強いている印象を与える等として，社会的評価を低下させるとした裁判例が多い[36]。ただし，「ブラック」という表現は多義的であり，個別具体的な投稿によっては，投稿者の単なる意見・感想にすぎないと受け止められるものもあり得よう。「キングブラック」等の投稿を意味不明な投稿で社会的評価を低下させるものとはいえないとした裁判例[37]や，「ブラック専門学校」というツイートの内容が社会的評価を低下させるものとはいえないとした裁判例[38]がある。したがって，「ブラック」との表現が用いられていても，その内容によってはその社会的評価が低下するとはいえない場

36　東京地判平26・9・9ウエストロー2014WLJPCA09098015等。
37　東京地判平26・7・14ウエストロー2014WLJPCA07148004。
38　東京地判平7・3・17ウエストロー2015WLJPCA03178006。

合もある点には注意する必要がある。

また，たとえば食品製造会社で，製造工場の衛生環境が劣悪である，製造工程に問題がある，粗悪な原料を使用しているといった事実を摘示する等，当該会社の製品やサービスに品質に問題があることに関して，具体的事実を指摘して否定的な印象を与える表現についても，同様に対象者の社会的評価を低下させ，名誉を毀損するものと考えてよいであろう。

職業人としての信用を失墜させるような内容の具体的な事実摘示も同様であり，元横綱らが八百長をした等の記事が対象者の社会的評価を低下させることを認めた裁判例[39]等がある。

他方，単に取引上のトラブルがあったとの記載は，具体的なトラブルの内容に触れるものでもなく，それ自体として対象者の名誉を毀損したり，名誉感情を害するものと認めることはできないとした裁判例[40]があるように，抽象的な記載にとどまる場合には，対象者の社会的評価を低下させないといえることもあるため，これらの否定的な表現については，どのような理由づけ，あるいは具体的事実が摘示されているかに着目する必要がある。

(2)　社会的評価の低下が明らかであるかどうかの判断が分かれやすい表現類型

①　製品，サービスの質が低い

製品，サービスの質が低い等の表現は，多分に表現者の主観によるものが大きい。また，企業にとっては，製品やサービスについては，消費者の批判にさらされることは当然に受忍しなければならない事柄ともいえよう。そのため，一般読者の普通の注意と読み方によれば，当該表現者の感想を述べたものにすぎないとして，社会的評価が低下するとは言い難い面があろう。

ただし，具体的な事実の摘示（たとえば，買ったばかりの製品がすぐ壊れた，頼んだメニューとは異なるメニューが出てきた等）を含む表現については，当該事実摘示部分により社会的評価が低下する余地は十分にあり，違法性阻却事

39　東京地判平21・7・13ウエストロー2009WLJPCA07139002，東京地判平22・3・17ウエストロー2010WLJPCA03178009。

40　東京地判平22・7・20ウエストロー2010WLJPCA07208008。

由が存在しない限り名誉毀損が成立する可能性があるため，個別具体的な検討が必要であることはいうまでもない。

② ○○で働いている（職業・業種）

単にその従事する職業や業種についての事実を摘示する場合は，社会的評価を低下させるものといえるか微妙なケースが多いと考えられる（プライバシー侵害は別途検討する必要がある）。

たとえば，ゴミ回収中の対象者が意に反してテレビに映され，その職業が開示されてしまった事案について，裁判例[41]は，廃棄物の収集という職業が社会的に何かの問題のある職業というわけではなく，何ら恥ずべき職業でもないことは明らか等と指摘し，名誉毀損を否定した。

同様に，理事等の役職員が辞任，解任あるいは退任したことについて，単純にその結論だけを述べたに過ぎない場合には，必ずしも名誉毀損にはならないとした裁判例[42]がある。他方，理由を付してこれらの事実を摘示すれば，その摘示した事実の内容によっては，社会的評価が低下する可能性が生じる。たとえば，会社の元代表者である対象者が会社の事業再建を委ねられたものの，業績を悪化させてしまったことが解任の理由であるとの印象を抱かせる投稿であったとして，社会的評価の低下を認めた裁判例[43]がある。

また，職業や業種の内容によっては，社会的評価を低下させると判断される場合がある。たとえば，対象者がいわゆるアダルトサイトを運営したという事実の摘示がされた事例で，対象者の社会的評価を低下させるとした裁判例[44]がある。また，「売春女」と摘示された事案について社会的評価の低下を認めた裁判例[45]や，「援助交際ないし売春行為」をしているとの事実摘示をもって，社会的評価の低下を認めた裁判例[46]がある。

41　東京地判平21・4・14ウエストロー2009WLJPCA04148001。

42　理事の辞任について東京地判平20・11・5ウエストロー2008WLJPCA11058008，代表取締役の解任について東京地判平20・7・25ウエストロー2008WLJPCA07258007，理事の解職について東京地判平21・3・18判タ1310号87頁。

43　東京地判平24・7・4判タ1388号207頁。

44　東京地判平20・2・19ウエストロー2008WLJPCA02198002。

45　東京地判平24・4・6ウエストロー2012WLJPCA04068002。

46　岡山地判平26・4・24D1-Law28222373。

さらに，「マルチ商法」に関与しているとの事実について，多くの人は，マルチ商法について「いかがわしい商売の方法」という印象を抱いているとして，対象者がマルチ商法を行っているという事実摘示は，社会的評価を低下させるとした裁判例[47]がある。

これらは犯罪行為あるいは違法行為に関わるものであることから，⑴①で述べたとおり，社会的評価の低下は明らかともいえよう。

③　○○という趣味がある（私的な趣味，嗜好）

私的な趣味嗜好については，投稿の話題となった人物が成人向けの漫画本を購読し，読み終わった漫画本を中古品として廉価で販売しているという事実を摘示した事案について，ただちに対象者の社会的評価を低下させるものとみることは困難とした裁判例[48]があるように，単なる私的な趣味嗜好について言及するだけでは，社会的評価を低下させるとは言い難いように思われる。

もっとも，知事であった対象者が知事室でアダルト雑誌等を読んでいたとの事実が摘示された事案について，対象者の趣味の問題であるとしても，それらを知事室に並べていたとの事実は，一般読者に対し，対象者が公私を混同して知事室を指摘に利用しているとの印象を与えるとして社会的評価を低下させるとした裁判例[49]があるように，具体的事実適示の内容によっては，名誉毀損となり得る。

また，動画サイト等で対象者のSM趣味やロリータ趣味等について具体的な事実が摘示された事案について，対象者の名誉を毀損するとした裁判例[50]があり，社会通念上受け入れられない趣味嗜好についての事実適示については，社会的評価を低下させるものとして名誉毀損となる場合がある。このようなプライベートな事項については，具体的な摘示内容によって社会的評価を低下させる場合があり得るほか，一般的に他人に知られたくない趣味嗜好に関する事実適示がなされた場合には，別途プライバシー侵害の成否を問題にすることが考えられよう。

47　神戸地判平21・2・26判タ1303号190頁。
48　東京地判平25・6・25ウエストロー2013WLJPCA06258011。
49　東京地判平26・6・30ウエストロー2014WLJPCA06308003。
50　東京地判平25・7・19ウエストロー2013WLJPCA07198030。

④　あの人は○○人だ（人種，国籍）

人種，国籍については，価値中立的なものであり，特段の事情がない限り，社会的評価を低下させるものではないと考えられる。

ただし，「チョン」（在日朝鮮人を指すインターネットスラング）という表現について，社会通念上受忍限度を超えた侮辱表現であるとして，名誉感情侵害を認めた裁判例[51]があり，個別具体的な表現内容に着目する必要がある。また，公人について「在日朝鮮人」であると指摘した雑誌記事の内容について，名誉感情侵害を肯定した裁判例[52]もあり，人種や国籍に関する表現であっても，具体的な表現内容や，当該人物の立場等に応じて，名誉感情侵害を主張する余地もあるといえよう。

(3)　社会的評価の低下が認められにくい表現類型

①　純粋な意見にとどまるもの

一般読者の普通の注意と読み方を基準として，純粋な投稿者の意見にすぎないと受け止められるものは，対象者の社会的評価を低下させるとは言い難く，名誉毀損の権利侵害は成立しない。

たとえば，訴訟における一方当事者の主張内容であることを明記して公表されたプレスリリースにつき，「「当社の主張（概要）」として訴訟における一方当事者の主張内容であることを明記して公表されたものであり，断定的な事実として公表されたものではないから，直ちに被告らの社会的評価を低下させるものということはできない。また，仮に，本件お知らせ文書１及び２が被告らの社会的評価を低下させるものであったとしても，原告は，IR情報として公表したものであり，公共の利害に関する情報を，専ら公益を図る目的で公表したものと認めるのが相当であり，また，訴訟における主張内容を記載したものとして真実性を有するものである。」として，ただちに対象者の社会的評価を低下させるものということはできないとした裁判例[53]がある。

もっとも，これらの裁判例によれば，一方的主張であっても，一方的主張で

51　東京地判平26・７・17ウエストロー2014WLJPCA07178001。
52　神戸地尼崎支判平20・11・13判時2035号122頁。
53　東京地判平24・９・13ウエストロー2012WLJPCA09138014。

あることが一般読者の目から見て明らかであるかどうかにより，社会的評価の低下が認められるかどうかが分かれ得ることになると思われるため，個別具体的な検討が必要であるといえよう。

②　意味不明なもの

一般読者の普通の注意と読み方を基準として，一見して意味内容が確定できない表現については，対象者の社会的評価を低下させるとは言い難く，名誉毀損の権利侵害は成立しないといえる。たとえば，前掲裁判例[54]は，「キングブラック」等の投稿を意味不明な投稿で社会的評価を低下させるものとはいえないとしている。

4　その他発信者情報開示請求訴訟において問題となりやすい論点

(1)　名誉感情侵害の成否の問題

客観的な社会的評価を離れた当該個人の内心，自尊心というべきものは，名誉感情と呼ばれる。実務上，名誉毀損にあたるかどうかの判断がつきにくい，あるいは名誉毀損にはあたらないと思われる投稿等につき，対象者に対する耐え難い侮辱であり，名誉感情という人格権を侵害するものと主張して，発信者情報開示を求める例が多くみられる。

一般的に，名誉毀損に至らない名誉感情については，「社会通念上受忍限度を超えて人格権を侵害」したといえる場合には，人格権侵害として違法となると解されている[55]。

どの程度の侮辱表現の場合に「社会通念上の受忍限度を超えた」といえるかについては，「誰であっても権利を侵害されるといえるような甚だしく，看過し難い侮辱表現」に限って，名誉感情侵害が成立すると判示した裁判例があるが[56]，同裁判例の控訴審は，原審の判断を是認したもののそのような表現を用いていない[57]。結局のところ，どのような場合に「社会通念上の受忍限度を超

54　東京地判平26・7・14ウエストロー2014WLJPCA07148004。

55　最判平22・4・13民集64巻3号155頁参照。

56　東京地判平8・12・24判タ955号195頁。

57　東京高判平9・12・25判タ1009号175頁。

えた」といえるかどうかは，その表現行為の内容や反復性から判断する他はないといえよう。

この点，発信者情報開示請求権が，不法行為に基づく損害賠償請求等のため必要であることを理由に，発信者のプライバシーや通信の秘密という重要な憲法上の利益の例外として，厳格な要件により認められる権利であることからすれば，名誉感情侵害が明白であるというためには，不法行為が成立し得る程度の侮辱でなければならないと考えるべきであろう。「馬鹿」や「アホ」といった表現程度で名誉感情侵害を認める裁判例に接することがあるが，名誉感情侵害の成立範囲を安易に広く解しすぎていると思われ，疑問である。

(2)　プライバシー侵害

実務上，プライバシー侵害を理由に，発信者情報開示を求める例もよく見られる。特に，プライベートな事項の事実摘示の場合，名誉毀損と同時にプライバシー侵害が成立することも多いため，並列的に主張される場合がある。プライバシー侵害の場合，違法性阻却事由が認められる余地があまりなく，権利侵害が認められれば，違法性阻却事由の不存在を問題にするまでもなく，開示が認められやすい傾向にあるからである。また，プライバシー侵害の場合，個々人のプライバシー侵害を問題にして削除ないし開示を求め得るので，法人の場合に，原告として代表者個人を追加し，代表者個人のプライバシー侵害や名誉感情侵害を権利侵害とする主張を追加することも見られる。

プライバシーの定義には諸説があるが，一般的には，他人に知られたくない私的な事柄をみだりに公表されないという利益と解されている。

プライバシーの侵害について不法行為の成立を認めたリーディングケースである「宴のあと」事件[58]は，個人に関する情報がプライバシーとして保護されるためには，下記の要件が満たされる必要があるとした。

① 私生活上の事実または私生活上の事実らしく受け取られるおそれのある情報であること

58　東京地判昭39・9・28判タ165号184頁。

② 一般人の感受性を基準にして当該私人の立場に立った場合に，他者に開示されることを欲しないであろうと認められる情報であること
③ 一般の人に未だ知られていない情報であること（非公知性）

当該３要件は，その後のプライバシー侵害に関する裁判例の多くで引用されているものの，現在では，①の要件については，通常人が見ればまず事実とは受け取らないような内容であることを除くという程度の意味でしかなく，②の要件についても，氏名や住所といった情報についても他者にみだりに開示されない利益があると広く解されている。そのため，一般的に他者に開示されることを欲しないであろうと認められるのであれば，広くプライバシーに該当すると考えてよいものと思われる。インターネットという通常全世界に公開されている場においては，一般人にとって開示されることを欲しないと考える情報の範囲が，より広くなると解する余地もあろう。

非公知性については，ある媒体で報じられた情報であっても，新たな媒体への掲載は，それによって新たに当該プライバシー情報を知る者がいる（媒体ごとに閲読・視聴者が異なる）として公知性が否定されることが多いように思われる。

ただし，インターネットに公開されているブログ等で自ら積極的にプライバシー情報を公開している場合には，そのような転載のリスクも承知したうえで公開しているといえるのであるから，もはや非公知性の要件を欠くと考えられるか，プライバシー権を放棄していると言い得るのではないだろうか。

プライバシーの保護対象となる私生活上の事実であっても，公人，準公人，特に選挙によって選出される公職にある者やその候補者，専門職等については，その適否，資質の判断材料として提供された場合には，表現の内容および方法がその目的に照らし不当でないときには，違法性がないとされている。そのため，開示請求者がこれらの者に該当する場合には，表現の内容，方法および目的について実質的な検討が必要となることに留意する必要がある。

(3) 著作権侵害

当然であるが，発信者情報開示請求権の要件である「権利侵害」とは人格権

侵害に限られず，不法行為等が成立し得るだけの法的利益の侵害（権利侵害）があればよい。そのため，他人が著作権を有する音楽や動画といったコンテンツをインターネット上に投稿する行為や写真の無断転載といった著作権侵害行為が行われた場合も，当該行為を行った発信者の情報開示を請求することが可能である。

(4)　経由プロバイダによる不法行為に基づく損害賠償請求権

経由プロバイダに対し，不法行為による損害賠償請求をし得ることは，上記**第2節**1(1)で述べたとおりである。実務上は，不法行為地における裁判管轄を発生させ，プロバイダの本店所在地が存在しない地方裁判所に訴訟提起をすることを目的として不法行為に基づく損害賠償請求を主張するにすぎない例が多いように思われる。そのため，経由プロバイダが任意で発信者情報を開示すべきであったのにこれを怠ったとして，不法行為責任が肯定された実例は少ない。

経由プロバイダの不法行為責任を認めた数少ない裁判例として，経由プロバイダが，原告から提示されたIPアドレスについて，誤った値で調査を行ってしまい，誤りが発覚した時点で再調査を実施したが，経由プロバイダの通信記録の保存期間の経過によりもはや再調査は不可能であり，問題とされた投稿に係る通信の契約者に関する情報を提供できなくなった事例について，下記のとおり判示し，経由プロバイダの損害賠償責任を認めた裁判例[59]がある。

【判旨】

「本件において……被告は，本件発信者情報を保有していたのに，これを保有しておらず別の業者が保有しているという誤った内容の答弁書を提出し，原告において本件発信者情報を保全する機会が失われたことは前述のとおりであるところ，本件利益の侵害があったというためには，本件発信者情報の開示請求が認容されること，これを通じて特定された発信者に対する損害賠償請求等の権利行使が実現できることの蓋然性が必要になるというべきである。……被告は，正しく発信元IPアドレスを

59　東京地判平27・7・28ウエストロー2015WLJPCA0728805。

調査しても，発信者を特定することができたか否かは不明であると主張し，過去に原告の請求に係る発信者についても特定できなかった例を挙げ，これに沿う証拠（乙３）を提出するが，証拠（甲29）によれば『Yahoo!知恵袋』の接続先IPアドレスは７個のみであることが認められ，これらと本件投稿記事に係る発信元IPアドレスとを組み合わせれば発信者を特定することが可能であったといえる。」

当該裁判例では，経由プロバイダが誤って情報を消去してしまったことによる損害賠償請求の要件として，発信者情報の開示請求が認容され，さらにこれを通じて特定された発信者に対する損害賠償請求等の権利行使が実現できることの蓋然性が必要であるとしている。権利侵害の明白性があることはまだしも，消去された通信記録等により発信者が特定可能であった蓋然性を主張立証すべきとされていることは，開示請求者にとって，相当程度ハードルは高いといえよう。

いずれにせよ，発信者情報開示請求を受けた経由プロバイダ側としては，裁判・裁判外の対応を問わず，契約者情報記録の調査を含め，適切な対応が取れているか，細心の注意を払う必要があろう。

(5)　その他

すでにインターネット上で投稿された記事等を転載する行為については，転載元による記事等による社会的評価の低下が生じており，転載行為による社会的評価の低下は生じない（生じたとしてもごくわずか）であるから，もはや名誉毀損が成立しない，との考え方はできないだろうか。

この点，下記のとおり判示して，転載行為による社会的評価を認め，発信者情報開示請求権を認めた裁判例[60]がある。

【判旨】

「本件情報８，９，18は，先にインターネット上のヤフー掲示板に掲載さ

60　東京高判平25・９・６LLI/DBL06820677。

れたものであることが認められる。しかし，本件情報8，9，18をウェブサイト「2ちゃんねる」で見た者の多くがこれと前後して，ヤフー掲示板の転載元での記事や雑誌Aの○月号の記事を読んだとは考えられず，ウェブサイト「2ちゃんねる」に本件情報8，9，18を投稿した行為は，新たにより広範に情報を社会に広め，控訴人の社会的評価をより低下させたものと認められる。」

具体的な転載行為の態様（転載元と転載先の関係，転載元の周知性，転載までの期間等）に即した判断をする必要があると考えるが，一般的には，転載行為は，異なる利用者に対する新たな権利侵害情報の流通となり，新たな権利侵害となることが多いであろう。

転載と類似する事例で，いわゆるリンク（ハイパーリンク）の文字列のみを投稿し，リンク先に権利侵害情報が記載されているような場合に，当該リンクを設定した投稿自体が，権利侵害情報といえるかが問題となることがある。

この点，下記のとおり判示して，リンクによる名誉毀損を認めた裁判例[61]がある。

【判旨】

「本件記事が社会通念上許される受忍限度を超える名誉毀損又は侮辱行為であるか否かを判断するためには，本件各記事のみならず本件各記事を書き込んだ経緯等も考慮する必要がある。……本件各記事を見る者がハイパーリンクをクリックして本件記事3を読むに至るであろうことは容易に想像できる。そして，本件各記事を書き込んだ者は，意図的に本件記事3に移行できるようにハイパーリンクを設定しているのであるから，本件記事3を本件各記事に取り込んでいると認めることができる。……本件各記事は本件記事3を内容とするものと認められる。」

当該裁判例のように，リンク自体が権利侵害情報であると認めるものは，い

61　東京高判平24・4・18LLI/DBL06720189。

ずれもリンク元の記事がリンク先の記事を取り込んだといえるかという点を重視している。この点，上記裁判例は，リンクに誘導する文字列を記載していることをもって，「意図的に……ハイパーリンクを設定している」と認定しているが，誘導文字列がないリンク記事について，権利侵害性を認めた裁判例[62]もあり，誘導文字列は必須とまではされていないと考えられよう。

(6)　損害賠償請求と弁護士費用

発信者による投稿等で権利を侵害された者による発信者に対する損害賠償請求は，通常の名誉毀損やプライバシー侵害等に基づく損害賠償請求と同様であり，その損害の内容は，流通した権利侵害情報の内容や，権利侵害情報の数や反復の有無，その期間といった諸般の事情から個別具体的に決せられることになる。

このうち，発信者情報開示手続に要した弁護士費用（調査に要した費用の一部）が，不法行為による損害に含まれるか（相当因果関係があるか）どうかが問題となるが，確立した裁判例はまだなく，下級審裁判例ごとに，損害として認める範囲にばらつきがみられる。

たとえば，投稿記事削除や発信者情報開示のために支出した費用の合計額74万8054円のうち，調査費用等相当の賠償額として，20万円を認めるのが相当とした裁判例[63]がある。

また，インターネット上の名誉毀損行為において加害者の特定のためには掲示板管理者やインターネットプロバイダに対し，その特定のための手続を行う必要があるといった本件における証拠収集状況や本件の被告の不法行為の内容等本件に現れた一切の事情を考慮し，調査費用50万5500円のうち５万円を被告の不法行為と相当因果関係のある損害と認めるのが相当とした裁判例[64]がある。

仮処分命令申立てに要した弁護士費用の４万889円の３分の１である１万3629円について，損害賠償請求に必要な費用として，不法行為と相当因果関係

62　東京地判平27・12・21D1-Law29015571。
63　東京地判平24・12・20ウエストロー2012WLJPCA12208020。
64　東京地判平25・12・２ウエストロー2013WLJPCA12028003。

が認められるとした裁判例[65]がある。

他方，原告が弁護士を介して，漸く被告に辿り着いた経緯に照らすと，被告の特定に要した調査費用63万円全額について，不法行為による損害として被告が負担すべきであるとした裁判例[66]や，投稿者の特定に要した費用に加え，権利侵害とされた投稿記事の削除に要した費用の全額について，原告がこれらのための弁護士費用として支払った金額が不相当であることをうかがわせる事情はないから，原告が現実に支払った金額全額が損害になるとした裁判例[67]もある。

このように，裁判例によって損害額の認定についての判断はまちまちではあるが，少なくとも，損害賠償を請求する側が，特定のために要した弁護士費用（調査に要した費用の一部）も含めて損害賠償を求める場合には，この種の裁判例において，専門家による調査が必須であること，および専門家による調査の過程について具体的に主張立証することによって，これらの調査費用が損害賠償に含まれることを説得的に説明する必要があると考えられよう。

ただし，前掲裁判例[68]が，「不相当であることをうかがわせる事情はないから」としていることからすれば，弁護士費用が不相当に過大と認められる場合には，過大と評価される部分については不法行為と相当因果関係がないとされる余地はあると考えられる。

65　東京地判平25・12・11ウエストロー2013WLJPCA12118011。

66　東京地判平24・１・31判時2154号80頁。

67　東京地判平28・２・９D1-Law29017061。

68　東京地判平28・２・９D1-Law29017061。

第3章

情報セキュリティ関連紛争

本章では，近年重要度を増している情報セキュリティに関連するトピックのうち，企業の関心が高い３つのテーマである，情報漏えいが発生した企業の被害者に対する民事責任，情報漏えいに伴う役員責任，情報漏えい時のクライシスマネジメントを取り上げ，企業として情報セキュリティ関連紛争にいかに立ち向かうべきかを解説する。

第1節

はじめに

インターネット・情報化社会の発展に伴い，情報セキュリティが企業にとっての重要課題となって久しい。この間，法的側面から見た情報セキュリティの検討課題は，顧客・取引先の情報を守り，信用を維持，向上させるための情報セキュリティから，海外を含む第三者からの不正アクセス，情報漏えいの被害者から企業に対する損害賠償請求，監督官庁による行政処分から企業を防衛するための情報セキュリティへと広がりを見せている。

とりわけサイバー犯罪の増加は，企業に対する重要な脅威となっている。警察白書[1]によればその件数は近年8000件前後で高止まりしており，「サイバー空間の安全の確保」が重要な課題として挙げられている。世界を見渡しても，たとえば，Verizon 社による「2016 Data Breach Investigations Reports」によれば，外部者による情報攻撃を中心に，約80カ国で年間約6万4000件[2]の情報セキュリティ事故が確認されている。2015年に日本年金機構が標的型攻撃を受け，約125万件の年金情報が流出したことは，情報セキュリティに関する危機認識が正しいことを知らしめた。

本章では，情報セキュリティに関連するトピックのうち，企業の関心が高いと思われる，「情報漏えいが発生した企業の被害者に対する民事責任」（第2節参照），「情報漏えいに伴う役員責任」（第3節参照），「情報漏えい発生時のクライシスマネジメント」（第4節参照）の３点を取り上げる。

1　https://www.npa.go.jp/hakusyo/h27/honbun/index.html.

2　http://www.verizonenterprise.com/verizon-insights-lab/dbir/2016/に基づく2015年の統計値。

第2節

情報漏えいが発生した企業の被害者に対する民事責任

1 企業が直面するジレンマ（なぜ被害者対応が難しいのか）

企業が情報漏えいの当事者となってしまった場合，その原因や影響を分析したうえで，被害者に対し謝罪を行うとともに損害補償措置を講じ，さらに再発防止策を講じることが多い。このうち被害者に対する損害補償措置は，①消費者を含めた不特定多数を相手にしなければならないこと，②さまざまな立場の被害者に対し，統一的な見解を提示しなければならないこと，③被害者と責任の主体という利害対立が大きい関係であること，④（①～③を含め）一般社会からの理解も得なければならないことから，企業にとって悩ましい判断を迫られることになる。

企業としてみれば，被害者・社会の理解を得てなるべく早く信頼を回復させたいという要請，株主など他のステークホルダーへの配慮・経営的観点から法的に認められる損害賠償請求額になるべく近づけるべきという要請のいずれもを重視して対処しなければならないが，往々にしてその折り合いは難しい。

近時では，補償内容に不満な被害者が企業に対し，より高額な損害賠償請求を求める例も目立っており，被害者対応を誤ることが長期の法廷闘争という新たな課題を生じさせかねない。

日本ネットワークセキュリティ協会の調査によれば，日本においては，2015年において個人情報の漏えいは約800件発生したとのことであり[3]，その想定損害賠償総額が約2500億円と算出されている。この数字をどのように捉えるかに

3　2015年の速報値（http://www.jnsa.org/result/incident/）。

ついては種々の見解があろう。しかし，各企業において情報漏えいが生じたときに，どの程度の損害賠償責任を負い得るのかを，見極めておくことは不可欠であり，本稿がその一助となれば幸いである。

2　損害賠償請求の法的根拠

まずは，情報漏えいの被害者である情報の主体から，情報漏えいを起こした企業に対する損害賠償請求が行われる場合の法的根拠を整理しておきたい。

大きくは，(1)契約関係に基づく債務不履行責任と(2)契約関係がなくても責任追及ができる不法行為責任に分けられる。

(1)　被害者と企業の間に契約関係がある場合―債務不履行責任

まずは，債務不履行責任について説明する。

たとえば，被害者が，企業の提供するサービスのユーザであったり，企業に対し情報の管理を委託しているような場合には，被害者と企業の間に契約関係がある。

このように，被害者と企業の間に，契約関係がある場合，債務不履行責任（民法415条）が損害賠償請求の根拠となるのが通常である。下請会社，委託先など外部の者が情報を漏えいした場合であっても，企業の履行補助者と評価される場合には，企業が被害者に対して直接損害賠償責任を負う。

契約関係がある場合と一口に言っても，その契約の中に①情報の漏えいを明示的に禁じる条項があるか，②どのような態様の情報の漏えいが禁じられているか，③情報漏えいが生じた場合にどのような救済方法が定められているか，④損害賠償の範囲・金額について限定はないか等によって，対応方法，範囲は変わってくる。もちろん，これらの条項が存在はするけれども，民法，消費者契約法等によって一部またはすべてが無効となる可能性はないかという検討も欠かせない。

また，このように債務不履行責任の追及を受ける場合であっても，(2)で述べる不法行為責任も併せて追及される可能性があることには留意する必要がある。これは，請求権競合説と呼ばれ，請求権者は，要件・効果の異なる別個の請求権（ここでは債務不履行責任と不法行為責任に基づく損害賠償請求権）がそれぞれ成立する限り，どちらの請求権をも主張できるという判例・通説による。

【契約条項のチェック項目】

①　情報の漏えいを明示的に禁じる条項があるか
- 主たる契約とは別に秘密保持契約が締結されていないか

②　どのような態様の情報の漏えいが禁じられているか
- 何を秘密情報と定義しているか（個人情報，顧客情報，技術情報，経営指標，契約そのものの存在や内容など）
- 不可抗力など一定の態様の漏えいについて責任を免除する条項はないか

③　情報漏えいが生じた場合にどのような救済方法が定められているか
- 契約の解除
- 損害賠償
- 情報が記録された媒体の返還・破棄（秘密情報の引き上げ）
- 二次被害への対処

④　損害賠償の範囲・金額について限定・加重はないか
- 認められる損害の範囲は，民法で定められているデフォルトと比較して，限定・加重されていないか
- 賠償金額の上限（取引金額ベースのものや一定額を定めるものなど）
- 最低賠償額，損害の推定，違約罰等の定めはないか

➡条項そのものが民法や消費者契約法上，無効となるおそれがないかという視点も重要

(2)　被害者と企業の間に契約関係がない場合—不法行為責任

他方，被害者が，個人情報を提供したものの最終的に契約には至らなかったような場合，契約関係にある企業そのものではなく，その企業が情報の管理を委託している企業を求責したような場合には，被害者と企業の間に契約関係がない。

このように，被害者と企業の間に，契約関係がない場合，不法行為責任（民

法709条）が損害賠償請求の根拠となるのが通常である。

仮に，不法行為たる情報漏えいが従業員によって行われた場合であっても，それが「事業の執行について」と評価される場合には，使用者責任により企業は被害者に対して直接損害賠償責任を負う（民法715条）。

【使用者責任について】

現実に裁判例において，使用者責任が認められている事例は，厳密な意味での雇用契約が成立している場合に限られない。

そのような例としては以下のものが挙げられる。

① 元請負人と下請負人の間に使用者・被用者のような関係が存在する場合

② 元請負人と下請負人からさらに下請けを受けた者（再請負）の間に使用者・被用者のような関係が存在する場合

③ 名義を貸している場合

たとえば，後述するTBC事件においては，ウェブサイトの制作，保守を依頼した企業と当該ウェブサイトの制作，保守を行った会社の関係で使用関係を認め，依頼した企業が使用者責任を負うという結論が取られていることには注意を要する。

(3) 債務不履行責任と不法行為責任の要件の違い

債務不履行責任と不法行為責任の要件の違いをまとめると以下のようになる。一概には言えないところがあるが，契約により企業が被害者に一定の義務を負っていることが明らかであり，当事者間により高度な信頼関係が存在することを前提とした債務不履行責任の方が，企業の民事責任が問われやすいといえる。

【債務不履行責任に基づく損害賠償請求の要件】

① 義務の内容（情報漏えいに関する契約条項の有無，ない場合の義務の根拠）

② 義務違反（情報漏えいの事実）

③　帰責事由（情報漏えいの原因。ただし，情報漏えい企業側にその不存在の立証責任がある）
④　損害の発生（どの範囲で漏えいしたか，漏えいした情報がどのように使用されたか）
⑤　損害の額（被った損害の金銭評価）
⑥　因果関係（情報漏えいと相当因果関係のある損害かどうか）

【不法行為に基づく損害賠償請求の要件】
①　権利または法律上保護される利益の存在（保護に値する情報か否か）
②　①の侵害（情報漏えいの事実）
③　故意または過失（故意：一定の権利に対する加害行為を認識し，かつ，認容したこと。過失：結果発生が予測可能であったのに，結果の発生を回避するために必要とされる措置を講じなかったこと）
④　損害の発生（どの範囲で漏えいしたか，漏えいした情報がどのように使用されたか）
⑤　損害の額（被った損害の金銭評価）
⑥　因果関係（情報漏えいと相当因果関係のある損害かどうか）

これらの他，時効期間の長短（債務不履行の場合，民事債権なら10年，商事債権なら５年なのに対し，不法行為の場合３年），弁護士費用の損害算入の可否（不法行為の場合，認容額の10％を目安に算入可能）などの違いに留意すべきである。

【図表3－1】法的根拠のまとめ

	被害者との間に契約関係がある	被害者との間に契約関係がない
法的根拠	債務不履行責任（民法415条） （不法行為責任を併せて主張されることもある）	不法行為責任（民法709条・715条）
主な留意点	• 契約条項の内容，義務の範囲が重要 • 契約や約款上，義務（企業が何をすべきであったか）は明確になる場合が多い	• 「事業の執行について」の漏えいか否か • 消滅時効期間が3年と短い • 企業が何をすべきであったか（注意義務）を被害者側が立証

3　代表的な裁判例の分析

法的根拠が整理できたとしても，企業として，発生した情報漏えいに関し，損害を填補する責任を認めるのか否か，認めるとしてどの程度の範囲で損害を補償するのかは依然難問である。

このような企業の責任の有無・範囲の検討については，実際に自社で想定される，あるいは，実際に起きてしまった情報漏えいの具体的な事情に依存するところが大きいが，過去に他社で生じた事例も参考になる。

過去に生じた事例のソースとしては，(1)プレスリリースや報道で明らかになった他社の対応，(2)被害者が情報漏えい主体を提訴することにより裁判となった場合の裁判例が考えられる。このうち(1)についても参考にはなるが，企業の対応は，それぞれの業種・業態，経営規模，顧客層，企業イメージなどさまざまな独自要素が加味されたものであり，法的な意味での責任の有無，範囲とはズレがある可能性がある。もちろん，情報漏えいを生じさせた企業は，単に法的責任だけを考えて，損害の補償措置を講じるわけではない。しかし，検討の出発点は①法的責任の有無および②その範囲である。これに顧客への配慮，レピュテーションの維持・回復，訴訟リスクの有無・訴訟コストの回避といった要素が加味されることになろう。

その意味で，(1)他の企業の対応（代表的なものについて，後記第4節④等）も目安（とりわけ一般社会からの受け止められ方）として有用であるが，法的責任の有無およびその範囲という点では⑵過去の裁判例の分析が有用である。

このような観点から，情報漏えいに関して企業の損害賠償責任が問われた過去の事例，裁判例を整理し，紹介した文献は数多く存在するが[4]，本書ではそのうち３つの裁判例に着目し分析を行う。

⑴　TBC事件（東京高判平19・８・28判タ1264号299頁，東京地判平19・２・８判タ1262号270頁）

①　事案の概要

エステティックサロンを経営するＹ（第１審被告）が，ウェブサイトの保守作業を外部業者に委託していたところ，その業者が，ウェブサイトから入力された無料体験応募者の情報を，外部から自由にアクセスできる状態に置いてしまったことから，当該情報が流出し，掲示板に転載される等の被害が発生したため，被害者であるＸら（第１審原告）が，Ｙに対し，プライバシー侵害の不法行為に基づき慰謝料および弁護士費用の賠償を求めた事案である。

【第１審原告（Ｘ）】

- Ｙが提供するエステティックサロンの無料体験募集に応募した14名

【第１審被告（Ｙ）】

- エステティックサロンを全国展開する企業

【情報流出原因】

- ウェブサイトの制作，保守をＹから請け負っていた企業が，サーバー移設時の過失により，Ｘらが提供した情報を外部から自由にアクセスできる状況にした

【漏えいした情報の種類】

4　森・濱田松本法律事務所編『消費者取引の法務』（商事法務，2015年）152頁以下〔飯田耕一郎〕等。

- 氏名，住所，電話番号，メールアドレス
- 職業，年齢，性別
- Ｘらがエステに関心を持っていること，関心を示していたエステのコース名などエステティック固有の事情に関する情報

【発生した損害】
- 情報流出
- 掲示板への情報掲載などインターネット上への二次流出
- 迷惑メール，ダイレクトメール，いたずら電話などの二次被害

【提訴の金額】
- １人当たり慰謝料100万円，弁護士費用15万円

【主たる争点と認定】
- 流出情報のプライバシー該当性
  ⇒該当する
- Ｙの使用者責任の成否
  ⇒使用者責任が認められる
- 損害の額
  ⇒慰謝料３万円（二次被害がなかった者の慰謝料は，提訴前に3000円を受領していたことを踏まえたうえで １万7000円），弁護士費用5000円

【判断のポイント】
- Yがウェブサイトの管理を主体的に行っていたこと等から，Ｙとウェブサイトの制作，保守受託企業との間には実質的に指揮・監督関係があったとして，情報流出についてＹが民法上の使用者責任を負う
- 流出情報には，Ｘらがエステに関心があるという情報，関心を示していたエステのコースのコース名に関する情報等が含まれており，これ

らは一般に他人に知られたくない情報であり，顧客が個人ごとに有する人格的な法的利益に密接なプライバシーに係るものといえ，秘匿すべき必要性および要保護性が高い

【訴訟の経過と要した期間】

- 東京地判平19・２・８（３万円の慰謝料と5000円の弁護士費用を認容），東京高判平19・８・28（地裁判決を支持），同判決確定
- 高裁判決までに約５年

【損害を軽減した要素として挙げられているもの[5]】

- 謝罪のメール
- 謝罪の全国紙社告
- 対策室を設置して，二次被害・二次流出防止のための対策を検討・実施
- 発信者情報開示請求訴訟の提起や保全処分事件の申立て

【仮に存在すれば，損害額をより拡大させ得ると指摘された事情】

- 個人情報の開示を明示的に反対したにもかかわらず情報を開始した場合
- ネット上で個人情報を開示していたずら電話が多数かかってきた場合

【認められなかった損害】

- 結婚を予定していたこと，男性であることによる追加的な損害は認められない
- 治療費，休業損害等
- 情報流出後のＹの対応による追加的な慰謝料

5　あくまで判決文に明示的に挙げられたものを記載したにすぎず，これらが常に損害を軽減するという趣旨でも，これらを実施しなければ常に損害が拡大するという趣旨でもない。以下，本章で引用する他の裁判例についても同様である。

【参考になるその他の判示】
- Ｘらが全国各地に居住していることなども考慮すると，弁護団がインターネット上で提訴者を募集したという事情があっても，弁護士費用を損害と認めるべきである

②　TBC事件を踏まえた企業の訴訟対応のあり方

本事件では，氏名，住所，電話番号，メールアドレス等の典型的な情報に加え，エステに関心があること（すなわち，体型や体質に関する悩みがあること）など赤の他人に知られることが想定されていない情報が流出したことにより，損害賠償が高額となったと評価されている。

こういった特殊な情報を扱う企業は，単に個人情報，顧客情報とひとくくりに対応するのではなく，外部に流出したときの顧客へのダメージ・リスクに応じた情報管理を行わねばならない。

この事例では，迷惑メール，ダイレクトメール，いたずら電話などの二次被害が発生したことも損害額に影響していると考えられる。したがって，二次被害を防止することは，社会的信用を守るための的確な事後対応としてだけではなく，民事的責任の軽減にも影響があることを示している。

また，TBC事件では，提訴された企業が，ウェブサイトの制作，保守を他社に委託していた事例であり，当該他社の過失について使用者責任を自ら負うことになったということにも注意を要する。外部業者に委託したからといってリスクがすべて外部に移転するわけではない。委託先に対し，必要かつ適切な監督を行うことは，個人情報保護法22条[6]のみならず，民事責任との関係でも求められうることを示している。

6　個人情報保護法22条は「個人情報取扱事業者は，個人データの取扱いの全部又は一部を委託する場合は，その取扱いを委託された個人データの安全管理が図られるよう，委託を受けた者に対する必要かつ適切な監督を行わなければならない。」と定める。なお，TBC事件は，個人情報保護法施行前の情報漏えいであり，同条の適用がない時代の事案である。

(2)　ヤフーBB事件（最決平19・12・14ウエストロー2007WLJPCA12146004，大阪高判平19・６・21ウエストロー2007WLJPCA06216008，大阪地判平18・５・19判タ1230号227頁）

①　事案の概要

インターネット接続サービスの会員であったＸら（第１審原告）が，同サービスを提供していたＹら（第１審被告）に対し，同サービスの顧客情報として保有管理されていたＸらの氏名・住所等の情報が外部に漏えいしたことについて，被告らに情報の適切な管理を怠った過失があるとして，不法行為に基づき慰謝料および弁護士費用の賠償を求めた事案である。

【第１審原告（Ｘ）】

- Ｙが提供するインターネット接続サービスの顧客５名（甲事件，乙事件合計）

【第１審被告（Ｙ）】

- インターネット接続サービスを提供する企業（共同してサービスを提供するグループ企業も併せて提訴されているが，地裁において損害賠償義務が認められた被告を以下単に「Ｙ」と述べる）

【情報流出原因】

- Ｙの業務委託先から派遣され，Ｙの業務を行っていたAが，Ｙでの業務終了後に，知人のBとともに，業務上与えられていたアカウントを使用して，顧客情報を外部に転送し，Bの持ち込んだハードディスクに保存し，当該顧客情報がC（Ｙらに対する恐喝未遂事件で検挙）に流出した

【漏えいした情報の種類】

- 氏名，住所，電話番号，メールアドレス（ヤフーメールアドレス含む），ヤフーID，サービス申込日

【発生した損害】

• ABCへの情報流出（二次流出は認められなかった）

【提訴の金額】

• １人当たり慰謝料10万円

【主たる争点と認定】

• Ｙの過失の有無
  ⇒過失有り
• 権利侵害の有無
  ⇒権利侵害有り
• 損害の額
  ⇒慰謝料5000円，弁護士費用1000円

【判断のポイント】

• 顧客情報へのリモートアクセスを可能にするにあたっては，不正アクセスを防止するための相当な措置を講ずるべきである
• 氏名，住所，電話番号，メールアドレス等に加え，Ｙのサービスの会員であることやサービス申込日といった情報は，秘匿されるべき必要性が高いものではない

【訴訟の経過と要した期間】

• 大阪地判平18・５・19（5000円の慰謝料と1000円の弁護士費用），大阪高判平19・６・21（500円の郵便為替受領を一部弁済として認め，損害を500円減額），最判平19・12・14（上告棄却，不受理決定）
• 最高裁判決までに約３年

【損害を軽減した要素として挙げられているもの】

• 個人情報が秘匿されるべき必要性が必ずしも高いものではなかったこと

- 情報の社外流出の発表
- 顧客への連絡
- 500円の金券交付
- 謝罪
- 顧客情報についてのセキュリティ強化等の対策

②　ヤフーBB事件を踏まえた企業の訴訟対応のあり方

本件では，漏えいした情報が氏名，住所，電話番号，メールアドレスと秘匿されるべき必要性が必ずしも高いものではなかった。また，情報が実際に伝播した範囲（情報漏えいの範囲）は限定的であった。このような事例でも慰謝料が認められていることは，情報漏えいに対する裁判所の厳格な姿勢が現れている。

この事案でも，TBC事件と同様に，謝罪や顧客情報についてのセキュリティ強化等の対策といった内容が損害を軽減する要素として挙げられており，事後対応の重要性を示している。

なお，実務的には，500円の郵便為替受領を一部弁済として認めている点は参考になる。被害者の多い事案の場合，被害者に配慮しながらではあるが，企業側が提供する補償が一部弁済にあたるような交付の手法も重要になってこよう。

(3)　早稲田大学事件（最判平15・9・12民集57巻8号973頁，東京高判平16・3・23判時1855号104頁（差戻審），東京高判平14・7・17民集57巻8号1045頁，東京地判平13・10・17ウエストロー2001WLJPCA10170009）

①　事案の概要

事案としては，インターネットは関係していないが，情報漏えいに関し最高裁による判断がなされた事案であるため簡単に取り上げる。この事案は，私立A大学を設置する学校法人Y（第1審被告）が，中国の江沢民国家主席（当時）の同大学での講演会の参加予定学生名簿を，警察の要請を受け，参加学生Xら（第1審原告）の同意を得ないで，警察に開示したことについて，Xらが不法行為に基づきYに対し損害賠償等を請求した事案である。

【第１審原告（X）】

- 中国の江沢民国家主席の私立Ａ大学での講演会に参加申込みをした学生３名

【第１審被告（Y）】

- 私立A大学を設置する学校法人

【情報流出原因】

- Ａ大学自身が，中国の江沢民主席のＡ大学での講演会の参加学生名簿を，警視庁の要請を受け，参加学生の同意を得ないで警視庁に開示した

【漏えいした情報の種類】

- 氏名，住所，電話番号，学籍番号
- 中国の江沢民主席のＡ大学での講演会に参加申込みをしたという事実

【発生した損害】

- 情報流出

【提訴の金額】

- １人当たり慰謝料30万円，弁護士費用３万円
（第１審，第２審においては，この他の請求もされていたが，ここではプライバシー侵害に基づく損害賠償請求に限って論じる）

【主たる争点と認定】

- 流出情報のプライバシー該当性
⇒該当する
- Ｙの責任の有無
⇒不法行為責任が認められる
- 損害の額

⇒慰謝料5000円，弁護士費用０円

【判断のポイント】

- 学籍番号，氏名，住所，電話番号といった情報は，秘匿されるべき必要性が必ずしも高いものではない。上記講演会に参加を申し込んだ学生であるという事実も同様である
- Ａ大学が個人情報を警察に開示することを予め明示したうえで，上記講演会参加希望者の名簿に記入させる等して，開示について承諾を求めることは容易であった以上，同意を得ずにこれらの情報を提供した行為は，プライバシーの侵害として不法行為を構成する

【訴訟の経過と要した期間】

- 東京地判平13・10・17（請求棄却），東京高判平14・７・17（地裁判決を支持），最判平15・９・12（破棄差戻），東京高判平16・３・23（差戻審）（慰謝料5000円，確定）
- 差戻審判決までに約５年

【損害を軽減した要素として挙げられているもの】

- 本件の個人情報の開示自体には講演会の警備等の正当な理由があったこと
- 開示された個人情報は秘匿されるべき必要性が必ずしも高いものとはいえないこと
- Ｘらが，講演会の参加申込みをした時点に置いて江沢民主席の講演を妨害する目的をもっていたこと（なお，この目的が認定されていない同じ事案について，東京高判平14・１・16判時1772号17頁は，１人につき１万円の慰謝料を認めている）

【認められなかった損害】

- 弁護士費用

②　早稲田大学事件を踏まえた企業の訴訟対応のあり方

流出した情報が氏名，住所，電話番号，学籍番号という秘匿されるべき必要性が必ずしも高いものではなく，Xらの講演会妨害目的が認定されており，しかも，警備目的で警視庁に情報提供したというかなり特殊な事案であり，かかる事案においても損害賠償請求が認められていることが特徴である。

ただ，裁判所として，どこまで厳密に損害算定ができたのかは微妙なところがある。上記のとおり，氏名，住所，電話番号，学籍番号といった情報が，秘匿されるべき必要性が必ずしも高いものではないという判断は理解できるが，一定の内容の講演会に参加を申し込んだ学生であるという事実は，講演会の内容によっては機微な情報となり得るように考えられる（宗教団体，政治団体が主催する講演会など特定の思想・信条に関する関心の開示につながるような場合を想定されたい）。

4　過去の事例を踏まえた被害者に対する損害塡補のあり方

3で述べた裁判例からの示唆は各裁判例の直後に述べたとおりであるが，重要な点を挙げると以下の点になろう。

- 秘匿性がさほど高くない情報であっても，情報漏えい自体が慰謝料請求を基礎づけ得る
- 二次被害をできる限り防止したか否か，二次被害が実際に発生したか否かが重要である
- 謝罪を含めた不法行為後の事実が損害に影響し得る
- 訴訟に至った場合，解決までに長い年月を要する

また，上記3⑴～⑶の３例はいずれも責任論が肯定されている事案ではあるが，そもそも企業として，①情報漏えいの原因となった主体が異なる，②情報漏えいを防ぎようがなかった，③自社以外からの情報漏えいの可能性があるといった反論の適否も検討すべきである。

【責任論からの視点】

① 情報漏えいの原因となった主体が異なる

- インターネットビジネスでは，さまざまな主体が情報を管理しており，漏えいの主体がどの企業体であるのか自体が論点となり得る
- ヤフーBB事件でも，共同してサービスを提供する兄弟会社の責任は否定されている

② 情報漏えいを防ぎようがなかった

- 完全な情報セキュリティというものは存在しない
- たとえば，他国の政府機関やそれに比肩する強大な権力・莫大な資金力を持った組織による不正アクセスに起因する情報漏えいなど，いかに堅牢な情報セキュリティを築いていても防げなかったという場合等には過失がなかったといった反論が考えられる

③ 自社以外からの情報漏えいの可能性がある

- 情報漏えいの主体を特定し立証しなければならないのは被害者である
- 漏えいした情報が氏名，住所，メールアドレスなど，日常のさまざまな場面で開示されている情報であれば，そもそも自社からの漏えいなのかどうかが問題になり得る

本書の目的上，官公庁からの情報漏えいについては紙幅を割いていないが，東京地判平26・１・15判時2215号30頁は，警視庁からのイスラム教徒の個人情報流出について，東京都に対し，１人当たり弁護士費用を含め550万円の損害賠償を命じており，裁判所は，センシティブな情報の流出に関し，より厳しい判断を示しつつある。

第3節

情報漏えいに伴う役員責任

1　情報漏えいに伴う役員責任に対する考え方

企業において情報漏えいが発生した場合には，情報の主体である被害者からだけではなく，株主代表訴訟等において役員責任が問われる可能性がある。

①役員が情報漏えいに直接関与した場合，②情報漏えいを防止するための方策を欠いたことが善管注意義務違反にあたるとされる場合の両方が考えられるが，本書ではより可能性が高く，また微妙な判断となりそうな②の場合を取り上げたい。

この点，情報漏えいを防ぐために，平時からどのようなことを準備しておけば役員責任を免れ，また，どのようなことを怠れば役員責任を負うのか，という疑問に対する答えは，当該企業が扱うデータの種類・数，業種，規模に応じて個別具体的に解を見出すしかない。

なぜなら，現在のところ，企業の情報セキュリティについて一般的に規制する法律は存在しないからである。そして，優れた情報セキュリティは企業価値を高める一要素であるが，同時に，人的・時間的・金銭的負担という観点からは，身の丈に合わない投資として企業価値を下げ得る要素でもある。情報セキュリティが企業の重要課題であることは疑いようもないが，安全な製品やサービスを提供する責務，法令を順守する義務，従業員に対する安全配慮義務などと同様，重要な価値とて，常に人繰りやコストとの戦いであるという現実は忘れてはならない。過剰な情報セキュリティが，意思決定のスピードを遅延させ，また，企業が提供するサービスの質を落とすこともあり得る。

また，非現実的なまでに強固な情報セキュリティ体制は，従業員に不可能を課し，規則が守られず，結果として体制が全く形骸化する恐れがあることも忘れてはならない。もちろん，社会だけではなく，自社の変化に応じて，普段のPDCA（Plan-Do-Check-Act）サイクルを継続すべきである。

何が求められる情報セキュリティ体制なのかという検討は，以上のことを踏まえ，各企業ごとに慎重に行われるべきである。

2　何を守ればよいのか―拠り所となる基準

会社法は，株式会社の取締役会等に対して，リスク管理体制やコンプライアンス体制等の内部統制システムを構築・運用する義務を定めている（会社法362条4項6号，会社法施行規則100条等）。個人データの管理を含む適切な情報セキュリティ体制を構築し，実際に運用することはこの義務の中に含まれると解される。

より具体的には，企業は，自らが扱うデータの種類，業種，規模等に応じて，個人情報保護法およびそれに付随するガイドライン，各種業法（たとえば，銀行法12条の2第2項，保険業法100条の2，金商法40条2号等）などに沿って，情報セキュリティ体制を構築・運用すべきといえる。

ただし，これらの中には，企業に法的に義務付けられているわけではない方策もあり，役員として，費用対効果を勘案し，経営判断として採用しないことも十分あり得るのであって，実際の裁判において，たとえば法的拘束力のないガイドラインを遵守していないからただちに役員責任が肯定されるのは行き過ぎと考えるべきである。

また，企業にとって，何が必要な情報セキュリティなのかという判断には，現在どのような情報漏えいリスクがあるのか，それに対してどのような技術でどのような防衛が可能なのかなど，インフォメーション・テクノロジーに関する専門的な知識，技術が必要になる。企業の役員の多くは，このような専門的な知識，技術を持ち合わせていないのが通常であり，現実には，システムベンダー，ITコンサルタントといった外部の業者のサポートを得ている。たとえば，このようなサポートを適切に得ている事実は，役員として取るべき方策を取っていたことを示す一助となる。

より具体的な準則としては，以下のようなものが挙げられよう。

(1)　個人情報保護法

個人情報保護法は，20条において，個人情報取扱事業者に対し，その取り扱う個人データの漏えい，滅失または毀損の防止その他の個人データの安全管理のために「必要かつ適切な措置」を講じなければならないとしている。

また，同法21条においては，個人データを取り扱わせる従業者に対して，22条においては，個人データの取扱いを委託する委託先に対して，「必要かつ適切な監督」を行わなければならないとしている。

個人情報保護法は，これらの違反に該当する場合，報告徴収，助言，勧告，命令の処分の対象となり，命令に違反したり，報告をせず，または虚偽の報告をした場合，罰則の対象となる。しかし，個人情報保護法は，どのような方策を講じれば，「必要」かつ「適切」であるのかについて具体的な定めを置いていない。ただし，次に述べる個人情報保護法ガイドラインで一定程度の指針が示されている。

(2)　個人情報保護法ガイドライン

個人情報保護法ガイドラインは，各省庁が所管する業務分野に対応するガイドラインを策定する形で整備され，平成27年11月現在，27分野で38のガイドラインが存在していたが[7]，平成28年５月以降は個人情報保護委員会が定めるガイドラインに原則として一元化される。[8]

新しい個人情報保護法ガイドラインによると，個人情報保護法20条の「安全管理のために必要かつ適切な措置」とは，①基本方針の策定，②個人データの取扱いに係る規律の整備，③組織的安全管理措置，④人的安全管理措置，⑤物理的安全管理措置，⑥技術的安全管理措置である。これらの内容については，以下のとおりである。

7　個人情報保護委員会ウェブサイト（http://www.ppc.go.jp/files/pdf/personal_guideline_ministries.pdf）。

8　金融・信用分野など，一部の分野については別途の規則が定められる予定である（2017年１月現在）。

① 基本方針の策定

具体的に定める項目の例としては，事業者の名称，関係法令・ガイドライン等の遵守，安全管理措置に関する事項，質問および苦情処理の窓口等が考えられる。

② 個人データの取扱いに係る規律の整備

取得，利用，保存，提供，削除・廃棄等の段落ごとに，取扱方法，責任者・担当者およびその任務等について定める個人データの取扱規程を策定することが考えられる。

③ 組織的安全管理措置

組織として，情報漏えいが生じづらい体制を整える措置である。たとえば，従業員，部署の役割および責任の明確化，報告・監査体制の整備などが含まれる。

④ 人的安全管理措置

ヒューマンエラーや情報の持ち出しなど人に起因する情報漏えいを防ぐ措置である。その内容としては，守秘義務を就業規則等に盛り込むこと，情報・プライバシー研修の実施等が挙げられる。

⑤ 物理的安全管理措置

盗難や紛失といった物理的な情報漏えいを防ぐ措置である。その内容としては，入退室のICカード・ナンバーキーによる管理，持ち運びデータの暗号化，施錠の徹底等が挙げられる。

⑥ 技術的安全管理措置

個人データを取り扱う情報システムからの漏えい等を防止するための技術的な措置である。その内容としては，ウィルスソフトのインストール，データへのアクセス制限，システム監視などが挙げられる。

(3) プライバシーマーク制度など

個人データの取扱いだけではなく，事業者の情報セキュリティ・マネジメント全般についての認証基準を定める，情報セキュリティ・マネジメント・システム（ISMS）に関する規格が存在する。我が国では，一般財団法人日本情報経済社会推進協会（JIPDEC）が，この規格への適合性に関する認証を行っている。

個人データの取扱いに関するマネジメントについての認証基準を定める，個人情報保護マネジメント・システムに関する規格も存在する。これについてもJIPDEC等の団体が「プライバシーマーク制度」としてこの規格の認証を行っている。

これらの認証を得ておくことは法的に義務付けられるわけではないが，単に対外的な信用を高めるだけではなく，役員として，自社の情報セキュリティシステムが第三者の認める水準に達していることを担保するための方策を平時から講じていたことの証左となろう。

【個人情報漏えい保険】

極めて高度な技術による不正アクセス，従業員による情報の持ち出し，システム障害，メールの誤送信などを想起すればわかるように，情報漏えいを100％防ぐことは誰にも約束できないのも現実である。それを踏まえ，保険料やそれによる効用がリスクに見合うのであれば，適切な個人情報漏えい保険契約に加入するというのも常日頃からのリスクマネジメントの一手法である。

保険でカバーされる補償範囲や支払条件は，各保険の約款によると言わざるを得ないが，カバーされ得る代表的な損害としては以下のようなものがあり得る。

■補償対象の例

- 外部からの不正アクセス
- 委託先による情報漏えい
- 従業員・アルバイトによる漏えい
- USBメモリの紛失

■補償の範囲の例

- 法律上の損害賠償金
- 賠償責任に関する訴訟費用・弁護士費用
- 謝罪広告掲載費用・会見費用
- お詫び状作成・送付費用

- 一定の見舞金・見舞品購入費用
- コールセンター委託費用

第4節

情報漏えい発生時のクライシスマネジメント

第2節，第3節では，情報漏えいの被害者からの訴訟や役員の責任を追及する訴訟を念頭に，どうすれば情報漏えいを防げたかという平時の準備が主たるトピックであった。

これに対して，情報漏えいが発生してしまった場合の事後的なクライシスマネジメントも極めて重要である。程度の大小こそあれ，情報漏えいそのものは企業の過失など受動的な要因によって生じるのに対し，情報漏えい発生後の対応は，各部門が英知を振り絞って能動的に行うものであり，企業の真価がより試される場面であるといっても過言ではない。

本書では，情報漏えいを探知する局面から調査を行い，被害者対応を行い，再発防止策を策定，実行するまでを解説する。下記では，わかりやすさの観点から代表的な対応手法を時系列に沿って記述しているが，何をいつやるべきかは事案によってさまざまであり，個別の修正が必要であることはいうまでもない。

① 情報漏えいの素早い探知

↓

② 初動調査による重要事実の把握

↓

③ 被害者，当局との接触開始と継続調査

↓

④ 被害者対応の決定

↓

⑤ 再発防止策の策定

1　情報漏えいの素早い探知（平時からどこにアンテナを張っておくべきか）

企業が，情報漏えいを探知するきっかけにはさまざまなものがある。

内部的なものから挙げて行くと，①従業員からの報告，②社内監査，③内部通報，④顧客・取引先等外部者からの連絡，⑤被害者からのクレーム，⑥刑事手続[9]などである。

被害者がクレームを行う端緒としては，身に覚えのないＥメールやダイレクトメールの受領，不正利用を確認したクレジットカード会社からの連絡，不信な電話着信などが考えられる。

重要なのは，企業として，自らの保有情報，情報配置，管理体制からして，情報漏えいが起きるとすれば，どのように探知され得るのかを平時から見極め，適切な場所にアンテナを張り，情報漏えい発生と企業による探知の間隔をできるだけ短くすることである。

2　初動調査（一番初めに確認すべき事実は何か）

企業としては探知後，即座に，①漏えいの事実の有無・可能性，②漏えいした情報の内容・量，③漏えいした情報の拡散の程度，④情報漏えいの原因という重要な事実を，大づかみでよいのでスピードを重視し，できるだけ早く調査すべきである。それによって，企業として，次に打つ手が大きく変わってくるからである。

たとえば，数千人規模の個人情報が漏えいしたもようであれば，情報漏えいの主体や原因の如何を問わず，社長やその他の役員を長とする専門のプロジェクトチームを結成し，セキュリティの専門家・弁護士等を加え，緊急対応とし

9　前述第２節③(2)のヤフーBB事件（最決平19・12・14ウエストロー2007WLJPCA12146004，大阪高判平19・６・21ウエストロー2007WLJPCA06216008，大阪地判平18・５・19判タ1230号227頁）においては，判決によれば，漏えいした情報を取得した人物が，企業に対する恐喝未遂事件で検挙されたことにより，情報の不正取得が判明したとのことである。

て3以下の手順を踏んでいくことになる。また，不正アクセス禁止法，刑法（窃盗罪，業務上横領罪），不正競争防止法などの刑罰法規への抵触が疑われる場合には，より強力な捜査という国家権力の発動を視野に警察当局（サイバー犯罪相談窓口）に相談することもあり得る[10]。

他方，たとえば，どうやら数名分のメールアドレスが漏えいしたにとどまるようであれば，本当に漏えいがそれだけかについては継続調査をする必要があるが，情報セキュリティ部門とリーガル部門が連携して適切に対応すればよい。

この際，従業員など内部犯が疑われる事案においては，データの削除や口裏合わせなどを防ぐために初動調査自体を密行的に行う必要がある。この段階で証拠保全が不十分であれば，事後的な訴訟等への対応が困難になることもある。

【重要事実の洗い出し】

① 漏えいの事実の有無・可能性
- 信用できるソースからの情報か，確度はどれくらいか

② 漏えいした情報の内容・量
- 個人が特定できる情報か，どれくらいセンシティブな情報か
- 数名分か，数千人分か

③ 漏えいした情報の拡散の程度
- 不特定多数に拡散しているか
- インターネット上への流出はあるか

④ 情報漏えいの原因
- 情報持出しのような故意行為か，システムエラーのような過失行為か
- 情報漏えい元はどこか

この時点で，被害や原因行為が，国境をまたいでいるか否かについても見極める必要がある。国境をまたいでいる場合には，諸外国法への抵触や諸外国政府による調査等への対応が必要となり，リティゲーションホールド（証拠保

10　警察当局が関与する場合，企業が調査の主導権を握れなくなる可能性にも留意しなければならない。

全）などの準備を検討しなければならない。

3　被害者・当局との接触開始と継続調査（主に事実の確定と原因究明）

(1)　被害者への連絡

個人情報保護法ガイドライン上，影響を受ける可能性のある本人への連絡が求められている。

仮に，被害の発生が確かであり，本人の権利利益が害されている場合，被害者本人に対する連絡はいち早く行うべきである 。被害者は，なんといっても企業と最も法的な利害が対立する当事者であり，補償措置に理解を得なければならない当事者でもある。被害者本人への連絡が遅れることによって，隠蔽をしたという印象を与え，信用をさらに落とすことは厳に避けれなければならない。

とりわけ顧客の情報を漏えいした場合には，被害者への対応が，企業の今後のビジネスに直接影響する。被害者が多い場合には，専用の相談受付窓口の開設，ウェブサイト上へのQ&A掲載などの対応をすべきである。

これと同時に，事実や原因究明が完了していない状況での連絡である場合には，調査中の事項については判明次第フォローすることとし，事実と異なる連絡を行ったり，ありもしない責任を認めるようなことがあってはならない。

なお，被害者への連絡を可能とするよう，平素から顧客や取引先への連絡手段の確保，連絡先情報の管理・更新が重要であることは言うまでもない。

【被害者に連絡すべき内容の検討】

①　判明している限りの事実関係

➡調査に長期間を要するときは続報を予定している旨を付記しておく。また，現時点での被害（情報の不正使用等）の有無の記載も検討する。

②　謝罪

➡法的責任を認めると決まった訳ではなくとも，ご迷惑と心配をおかけしたことについて，何らかの謝罪が望ましい場合が多い。いずれにせよ，連絡のスタンスについては，無責任であるとの批判をされないよう社

内においてさまざまな見方から多角的に検討する必要がある
③　二次被害の注意の呼びかけ
➡流失した情報にあわせて不正送金，架空請求，ダイレクトメールなどがなされるおそれを伝え，警戒を依頼することも考えられる
④　問い合わせ窓口についての情報
⑤　対応策
➡被害者を少しなりとも安心させる対応策として，二次被害の防止策（プロバイダへの削除請求等）がある
⑥　補償の方向性
➡補償の具体的内容（１人につき○円をお送りします）まで記載できればよいが，事実調査に依存する場合には続報において述べることとせざるを得ない
⑦　原因や再発防止策
➡これらについては続報やプレスリリースに委ねることも可能であろう

⑵　対外公表（プレスリリース）の要否

とりわけ被害の規模が甚大とまでいえない事案においては，ガイドライン上の要請，二次被害の防止，同種事案の再発防止等の観点から対外公表を行うか否かは悩ましい問題である。公表は，企業の評判や社会的信用を落とすだけではなく，実際に生じた事実以上の評価を外部からされる可能性をも生む。別の観点から，被害者本人が，漏えいしたという事実が公表されることを望まない場合もあろう。上場企業の場合，投資判断に影響がありうるため，適時開示の要否の検討も必要となる。過去の裁判例には，公表の要否についての役員の判断を批判するものも存在する（大阪高判平18・６・９判時1999号115号）。

個人情報保護法ガイドラインも，二次被害防止の観点から公表の必要性がない類型など一定の場合には，公表を行わなくともよいと定めている。

少なくとも，インターネット上に被害者の情報が拡散しているような場合には，企業として，削除請求・信販会社への連絡（クレジットカード番号流出の場合）などの二次被害防止・軽減策（とりなおさず企業自身の賠償責任の低減

にもつながる）を講じてから公表すべきであろう。

事実や原因究明が完了していない段階での対外公表では続報を予定したものとしておき，事実と異なる開示を行うことは厳に避けなければならない。

なお，社会への影響が大きい事案の場合，記者会見を行うことも求められる。記者からの厳しい質問に対し，事実に反する答弁，調査中の事項についての断定的な発言，未決定事項の発表等をしてしまわないように，入念な想定問答準備およびリハーサルが必要である。

(3)　二次被害の防止

上記でも何度か触れたが，被害者の保護，企業のレピュテーションの維持，企業の賠償責任低減のためにも，二次被害を防止する動きも重要である。

二次被害防止のための方策は，他で述べた内容と重複するため，簡潔に列記する。

【二次被害の防止策】

- 被害者への通知

➡不正請求，いたずら電話，あるいは，住所を利用した訪問等が行われる可能性を伝え，それに備えてもらう必要がある

- 情報漏えいの事実の公表

➡情報漏えい事実の周知によりやはり派生的な被害に備えてもらう意味があるが，被害者の名誉等の観点から公表自体が二次被害の原因となることにも注意を要する

- 漏えい情報の保持者への警告
- 流出した情報のインターネット上等からの削除請求
- さらなる漏えいは許されないことの社内への周知徹底

➡多くの場合，何らかの原因があったからこそ情報漏えいが生じたのであり，発覚直後はその原因が解消されていない場合も多い。調査対応中も新たな情報漏えいが生じる危険がある

- 適切な内容，方法による謝罪

➡被害者に対し，漏えいを生じさせた企業が不誠実な対応をすることは，被害者の精神的損害を増大させ得る

- 警察への相談

⑷　当局への報告

認定個人情報保護団体の対象事業者の場合は，当該団体を通じて，そうでない場合は直接に，主務大臣（一般的な事業者の場合は経済産業大臣，平成28年５月以降は個人情報保護委員会）に対して報告を行う。

実務上は，正式な報告を待たずに，状況の概要を監督官庁に一報し，調査の状況や被害者対応等について，当局の理解を得ながら対処することが多い。被害者，マスコミだけでなく，監督官庁からも隠蔽などを疑われない対応を行うことが重要である。なお，過去には監督官庁への報告に遅滞があり，処分が科された例もある。

⑸　継続調査の手法

上記⑴から⑷とともに，事実の解明・原因究明に向けた継続調査は平行して実施しなければならない。漏えいの規模や深刻度に応じて，社内調査に弁護士やセキュリティ専門家が加わることが適切であろう。

多くの情報漏えい事例において，漏洩が幹部の関与のもとに組織的に行われており，社内調査では膿みが出し切れないということは必ずしも多くなく，むしろ調査結果を随時社内で共有し，被害回復・損害拡大防止につなげなければならないことからすれば，情報漏えいという類型の不祥事においては，第三者委員会の設置が不可欠となる場面は限定的と考えられる。ただ，別の観点から，漏えいの規模が大きく世間の耳目を引くような事案において，社会全体の理解を得るために，第三者委員会という手法を用いざるを得ない場合もあろう。

過去に情報セキュリティに関し，第三者委員会が設置された例は【図表３－２】のとおりであるが，事例としては少ない。

【図表３－２】情報漏えいに関する第三者委員会設置の例

	報告書作成日	会社・団体名	調査対象事実の概要	委員会の構成
1	2014年９月12日	ベネッセホールディングス	子会社における個人情報漏えい事件	弁護士３名，セキュリティ対策会社役員，代表取締役副社長兼CFO
2	2009年５月15日	三菱UFJ証券	従業員による顧客情報の不正流出	弁護士２名，研究者

【調査の手法】

調査の手法は，企業，情報漏えいの性質に応じたオーダーメイドのものにならざるを得ないが，一般的に行われる調査は以下のとおりである

■事実確認

- 不正アクセスの有無（全くの外部犯か，内部者・関係者による行為か）
- 漏えいした情報にアクセスのあった者の確認
- 漏えいした情報へのアクセスの履歴（アクセスログ，入退室データ，監視カメラ）
- 漏えいに関与した可能性のある人物についての調査（社歴，権限・業務範囲，アウトルックやＥメールからわかる実際の行動）
- 関与した可能性のある人物周辺へのインタビュー（上司・部下，取引先担当者）

■原因究明（これを踏まえて再発防止策を策定する）

- 情報セキュリティ体制の内容の確認（情報セキュリティ規程，監視体制，セキュリティ会社の起用，外部業者の選定体制）
- 情報セキュリティ体制の実態（情報セキュリティ担当者，漏えいが生じた部署の従業員からのヒアリング）
- 教育，研修による情報セキュリティ啓蒙の実態把握
- 機器やソフトウェアの脆弱性，システム障害の有無

(6)　情報漏えい関与者，情報取得者への対応

忘れてはならないのは，情報を漏えいした者，その情報を取得した者等への対応である。情報を漏えいした者が従業員など内部者の場合には，会社が貸与した携帯電話，パソコン等を返還させたうえで，証拠隠滅のために自宅待機命令を出すことも多い。発覚直後は事実関係が解明されていないため，すぐに懲戒解雇等の懲戒処分に至るケースは希であろう。

委託先等外部業者の従業員の場合には，当該業者の管理者と密に連絡を取り，間接的にではあるが証拠隠滅等を防止しなければならない。ただし，この場合，業務委託先企業に対し，後々民事損害賠償請求をしなければならない可能性もあり，責任を軽減したり義務を免除したように取られるような言動・振る舞いは禁物である。

上述のとおり，深刻な事例では，警察に通報のうえ，漏えい者の身柄確保（逮捕・勾留）に動いてもらうことも必要である。

漏えいした情報を取得した者に対しては，当該情報が営業秘密等であることを理由に，使用してはならないこと，また，さらなる拡散が二次被害を産むことを書面等で警告する必要がある。インターネット上に拡散している場合には，コンテンツプロバイダに対し，任意の送信防止措置あるいは仮処分等裁判手続を通じた削除請求（第２章参照）等を行い，二次被害を防止すべきである。

4　被害者対応の決定

被害者に対してどのような補償を行うべきかは，原則として，事実解明，原因究明がある程度進んだ後に決定することになろう。被害者の範囲，その内容の正確な認定，責任の所在の見極めが不可欠であるからである。とはいえ，補償の有無は，被害者にとって最大の関心事であるから，現実には，被害者への第一報ないし第二報の時点で補償の方向性だけは示しておき，その計算方法・具体的な額については調査結果を踏まえて決定したい旨を伝えることも多くなろう。

いずれにせよ，仮に，調査がある程度進んでいたとしても，補償の方法・金額の決定は極めて重要かつ難しい判断である。

何らかの実害が発生している場合には，その損害を金銭評価するというのが基本的なスタンスとなるが，情報漏えいの場合，実害が必ずしも発生していない場合も多く，また，発生していたとしても，情報の価値は使用者によってさまざまであり（たとえば築20年の建物を所有している者という情報はリフォーム業者にとっては極めて有用な情報であるが，結婚式場運営業者にはほとんど意味がない），その金銭評価が難しい場合が多い。過去には，500円や1000円程度の例が多いが，より高額な例も確認されている。謝罪のみでご理解を願う事例もある。

3で述べたような過去の裁判例の蓄積はあるが，あくまで金額は個別具体的な事案ごとに決まるものであるし，裁判で認定される金額と被害者が納得する金額とが一致するとは限らない。同じ情報漏えいでも被害者に取って受け止め方はさまざまである。

手法としては，金銭，金券（図書カード等），自社の無料・割引サービス券などによる補償が考えられるし，選択制とすることも検討し得る。金額も数百円から数千円・数万円までばらついているのが現状である。

【補償金額についての過去事例】

■500円相当の例

- ローソン（2003年）
- ソフトバンク（2004年）
- アミューズ（2009年）
- ベネッセコーポレーション（2014年）

■1000円の例

- アプラス（2003年）
- ファミリーマート（2003年）
- JINS（2013年）

■1000円以上の高額の例

- 1万円：三菱UFJ証券（2009年）
- 1万円：アリコジャパン（2009年）

5　実効性のある再発防止策（責任者の処分を含む）

(1)　真因の究明

再発防止策は，原因の特定と表裏一体である。しっかりと原因が特定されれば，再発防止策の策定の半分は済んでいるとみてよい。しかし，現実には，①複数の原因が重なり合っている，②直接的な原因の裏にある真因があるといった事情から，真因の究明が難しいことが多く，原因の究明には終わりがない。

この段階に至るまでに，主たる原因，直接的な原因は特定できているのが通常であろうが，再発防止策の策定に際しては，「真因は何か」という観点から改めて知恵を絞る必要がある。たとえば，①については，複数の原因が認められた以上，いずれの原因も再発防止策に反映させるべきである。②については，直接的な原因が，システム担当者の不正・システム管理者による監督不足であったとしても，遠因としてこれらのものの業務過多，ひいては，人員の配置の不適切性が挙げられるかもしれない[11]。

真因の究明は，言葉を変えれば，「膿みを出し切る」ということである。現状を闇雲に否定する必要はないし，むしろしてはならない。しかし，不当に「聖域」を設けたり，責任の範囲を最小限に収めることが調査の目的と化してしまうことは防がなければならない。

(2)　再発防止策

再発防止策は実効性のあるものでなければならない。「企業風土の改善」，「セキュリティ意識の強化」などの金科玉条を唱えるだけのものであってはならない。これらをどのような手法で，いつまでに，どのように行うのかというロードマップを具体的に定めたものでなければならない。

情報漏えいに関する再発防止策としては，一般的には以下のようなものが挙げられるが，実際に生じた漏えいの内容，原因に応じて個別に定められる必要

11　筆者の経験上は，どのような複雑なシステムや機械，高度な技術であっても，用いているのは人であり，不祥事・不正の根源は人や人と人の関係性にあることが多いと思われる。

がある。

① データへのアクセスの制限，記録・監視
② データの書き出し，持ち出しの制限，記録・監視
③ 執務スペースへの私物記録媒体の持ち込み禁止，監視カメラ
④ 情報セキュリティ教育
⑤ 外部専門家による監査
⑥ データの暗号化処理，匿名化処理
⑦ 情報セキュリティ技術の強化，プログラムの改修
⑧ 情報の委託先選定の厳格化
⑨ 専門部署，あるいは，外部有識者からなる諮問委員会の設置
⑩ 情報セキュリティ関連規程の改良

もちろん，これらが実際にどのように行われるのかというロードマップの作成は欠かせない。進捗を管理する責任者の任命・責任部署の決定も必要である。こういった再発防止策の実効性を外部の専門家に評価してもらうことが有用な場合もある。

(3) 責任者の処分

情報漏えいを行った役職員，その監督を怠った幹部についても，懲戒処分，減給，報酬の返納，降格，辞任等の自発的なものを含めた処分が実施されることになる。悪質な場合には，不正競争防止法などにより刑事告訴することも考えられる。

顧客の情報の委託先である外部業者による漏えいのような場合は，顧客への補償を行うとともに，その金額を外部業者に求償していくことも必要となる。また，賠償責任保険の対象となりうる場合には，保険会社に対し保険金の請求を行うことになる。

【責任者の処分のあり方】

■役員

- 役員責任の追及（損害賠償請求）
- 解任
- 辞任
- 降格
- 報酬減額，返納
- 退職慰労金の返還
- 刑事告訴

（留意点）

過去例や他社例との均衡，後任者の的確な選定，責任限定契約

■従業員

- 損害賠償請求
- 懲戒解雇・諭旨解雇
- 退職勧奨（自主退職することを勧める）
- 降格
- 減給
- 出勤停止
- 譴責
- 懲戒処分に至らない厳重注意
- 退職者に関し，社内的に「○○処分相当」とする
- 刑事告訴

（留意点）

厳格な労働法制，就業規則の定め，執行役員の取扱い（委任契約か，労働契約か）

■取引先

- 短期または長期の取引停止
- 契約解除
- 刑事告訴

（留意点）

取引先との契約内容

第4章

インターネットによる国境をまたぐ取引・権利侵害の管轄・準拠法

本章では，国をまたいで発生する場合が多いインターネット上のサービスに関連する権利侵害に対する訴訟提起にあたり問題となる国際裁判管轄および準拠法について，代表的な権利侵害の類型（債務不履行，不法行為，著作権侵害，商標権侵害）ごとに，それぞれ国際裁判管轄および準拠法の決定過程および問題となりやすい論点を，想定される設例に沿って解説する。

第１節

はじめに

序章で述べたとおり，全世界をつなぐインターネットを通じた情報発信やサービス提供は，国境をまたいで行われる（届く）場合が多く，権利侵害も国境をまたいで発生する場合がある。そのため，インターネットによる国境をまたぐ取引・権利侵害については，どの国で訴訟等を提起するかという管轄（国際裁判管轄）の問題と，どの国の法律が適用されるかという準拠法の問題が特に重要となる。以下では，国際裁判管轄および準拠法が問題になり得る代表的な権利侵害の類型ごとに設例を設け，当該設例に沿って，国際裁判管轄および準拠法の決定過程，および問題となりやすい論点について解説する。

第2節

債務不履行類型の管轄および準拠法

【ケース１】

日本から海外のECサイトを利用して商品を購入し，代金を支払ったが，いつまで経っても商品が送られて来ない。非常に高額な商品のため，商品の送付を求めるか，あるいは代金の返還を求めてECサイトに対して訴訟を提起したいが，日本国内での訴訟提起が可能か。

なお，ECサイトの利用規約や約款等に専属的合意管轄裁判所の規定は存在しないものとする。

【ケース２】

海外に拠点を置くクラウドサービス提供会社から，会社の業務データをインターネット上に保存するクラウドサービスの提供を受けていたが，クラウドサービス提供会社の故意または過失によりデータが消去されてしまい，バックアップも不可能となってしまった。データが消去されてしまったことにより生じた損害の賠償をクラウドサービス提供会社に求めたいが，日本国内での訴訟提起が可能か。

なお，クラウドサービスの利用規約や約款等には専属的合意管轄裁判所の規定が存在しないものとする。

【ケース３】

利用規約や約款等に，専属的合意管轄裁判所としてカリフォルニア州の裁判所，準拠法としてカリフォルニア州法が定められている場合はどうか。

1 管　轄

ケース１～３では，債務不履行に基づく請求訴訟を行う場合の国際裁判管轄が問題となる。

(1) 準拠法の合意がない場合（ケース１および２）

債務不履行に基づく請求訴訟における国際裁判管轄は，債務の履行地が日本国内にある場合また，契約において選択された法律によればその履行地が日本国内になる場合にも，日本の裁判所に管轄が認められる（民訴法３条の３第１号）。したがって，**ケース１**においては，債務の履行地，すなわち商品の送付先が日本であれば，原則として日本に国際裁判管轄が認められるものと考えられる。

他方，**ケース２**のように，インターネットを利用した取引・サービスにおいて，「債務の履行地」の確定が難しい場合もある。特に，クラウドサービス等，サーバが日本国外にあり，かつ，サーバ上でサービスが完結するような場合には，いずれの国を債務履行地と見ればよいのかが問題となる。この点について明確に判示した裁判例は見当たらないが，クラウドサービスであっても，取引の相手方にサービスを提供することが主たる契約内容であり，サービスの提供場所は取引の相手方の所在地とみることも可能であるから，取引の相手方の所在地を債務の履行地とみて，日本の裁判所に国際裁判管轄を認める余地もあると思われる。

(2) 準拠法の合意がある場合（ケース３）

日本においては，管轄および準拠法について当事者間で合意がされていれば，当該合意が法令の規定に優先するとされており（民訴法３条の７第１項），諸外国でも，一般的に，国際裁判管轄について付加的または専属的な管轄合意をすることは可能と考えられているようである。そのため，実務上は，インターネットを介する取引においても，契約書や約款において特定の国の裁判所が専属的な国際裁判管轄を有するとの合意を規定する（あるいは仲裁合意をする）

ことが多い。したがって，**ケース3**のように専属的合意管轄裁判所として日本国外の裁判所が定められている場合，原則として，日本国内の裁判所の管轄は排除されることになる。

もっとも，たとえば，契約書や約款に事業者の本店所在地国の専属的管轄とする条項を設けたとしても，当事者の力関係から一方的に相手方に不利な専属的国際裁判管轄合意を押し付けたと見られる場合（零細企業や消費者等と締結する場合等）や，その合意内容が著しく不合理と認められる場合には，契約の合理的意思解釈や公序良俗違反といった法理により，当該専属的国際裁判管轄の合意が否定される可能性がある。

また，インターネットに関連するものではないが，近時，専属的国際裁判管轄合意を否定した裁判例[1]もあり，参考となる。すなわち，Yとの間でファンド契約を締結したXらが，同契約等（本件各契約）に基づいて，それぞれ，出資金の一部とこれに対する遅延損害金の支払を求めた事案において，大阪高裁は，「契約当事者，契約締結地，義務履行地，投資対象のいずれの点からも，本件各契約に関する紛争について日本の裁判所の管轄を排除し，タイ王国の裁判所のみを管轄裁判所とすべき合理的理由は何ら見出し得ない。これに加えて，本件管轄合意の効力を認めた場合，タイ王国の裁判所での訴訟の提起，遂行を余儀なくされることによる控訴人らの負担が非常に大きいものであることは容易に推認することができる。したがって，タイ王国の裁判所を国際的専属的合意管轄裁判所とする本件管轄合意は，甚だしく不合理であり，公序法に違反し，無効と解するのが相当である。」として，専属的国際裁判管轄合意を否定した。

さらに，たとえ外国裁判所が法に基づいて国際裁判管轄を認めて判決を下したとしても，日本の裁判所が日本法の基準に基づいて当該外国裁判所の国際裁判管轄を認めない場合には，当該判決は日本において承認されず（民訴法118条1号），当該判決に基づく強制執行もできないものと考えられる。

そのため，**ケース3**のような場合で，約款や契約書において（専属的）国際裁判管轄合意が規定されていたとしても，その効力を否定することができるか（あるいは否定されるリスクがないか）については，慎重に検討する必要があ

1　大阪高判平26・2・20判時2225号77頁。

ろう。

コラム　日本で国際裁判管轄の合意をする場合の留意点

民訴法上，国際裁判管轄についての合意は，「一定の法律関係に基づく訴えに関し，かつ，書面でしなければ，その効力を生じない。」と規定されている（民訴法3条の7第2項)。，そのため，国際裁判管轄について合意する場合，書面で合意しなければ無効となる点に留意が必要である（ただし，電磁的記録による合意も可能である。民訴法3条の7第2項・3項)。

また，合意は「一定の法律関係に基づく訴え」に関するものでなければならない。この点につき，最高裁[2]は，最低限合意が必要な内容につき，「少なくとも当事者の一方が作成した書面に特定国の裁判所が明示的に指定されていて，当事者間の合意の存在と内容が明白であれば足りる」との基準を示している。

さらに，近時の裁判例（中間判決)[3] として，株式会社島野製作所がApple. Incの独禁法違反を理由として損害賠償を請求した事件がある。

同事件では，両当事者間で締結したMaster Development and Supply Agreement（MDSA）に，当事者間の紛争解決方法は，MDSAに関係するかどうかにかかわらず，カリフォルニア州サンタクララ郡での調停または訴訟で解決することが規定されていたが，裁判所は，当該専属的裁判管轄の合意は，その対象となる訴えにつき両当事者間の訴えであるという以外に何らの限定も付しておらず，どの法律関係に基づく訴えが対象となるのかを読み取るのは困難であり，一定の法律関係に基づく訴えについて定められたものと認めることはできないから，無効であると判断した。

MDSAには，具体的には概ね次のとおりの内容が定められていたようであり，国際裁判管轄について，このような範囲を限定しない合意をしないように留意するとともに，またすでに合意した規定についても見直すことが望ましい。

「両当事者が調停の開始後60日以内に紛争を解決できない場合，いずれの当事者もカリフォルニア州サンタクララ郡の州又は連邦の裁判所で訴訟を開始することができる。両当事者は当該裁判所の専属的裁判管轄に取消不能で付託する。……紛争について別の書面による契約が適用されない限り，紛争が本契約に起因もしくは関連して生じたものか否かにかかわらず，本条の規定が適用される。」

2　最判昭50・11・28民集29巻10号1554頁。

3　東京地中間判平28・2・15D1-Law28242189。

2　準 拠 法

管轄が決まれば，原則として，裁判管轄を有する裁判所が，当該裁判所が属する地（法廷地）の国際私法に基づき，どの国や地域の実体法を適用するか（準拠法）を決めることになる。日本の裁判であれば日本の国際私法である，法の適用に関する通則法に基づき，どの国の実体法が適用されるかを決定する。

(1)　準拠法の合意がない場合（ケース1および2）

ケース1および**2**で管轄が日本の裁判所とされると，日本の通則法に基づき準拠法が決定されることになり，当該法律行為の当時において当該法律行為に最も密接な関係がある地（最密接関係地）の法が準拠法となる。**ケース1**については，商品を届けることが債務の内容であり，当該債務の履行地が日本であることから，最密接関係地は日本となり，日本法が準拠法となると考えられる。**ケース2**については，インターネット上のサービスであるため判断が難しいが，データ保存というクラウドサービスの内容からすれば，データを保存するサーバがあるデータセンターの所在地を最密接関係地と見ることが考えられる。

(2)　準拠法の合意がある場合（ケース3）

契約上の債務不履行に基づく損害賠償責任については，契約当事者が合意によって契約準拠法を指定していれば，当該合意に従う（通則法7条）。たとえば，約款や契約書において，準拠法については日本法によると定めていれば，準拠法は日本法に定まることになる。したがって，**ケース3**については，特段の事情がない限りは，準拠法は合意に基づきカリフォルニア州法になると考えられる。

ただし，契約の合理的意思解釈や公序良俗違反等の法理により，契約による合意の効力が否定される可能性があることは，管轄に関し述べたことと同様である。

また，日本の国際私法である通則法では，国境をまたぐ消費者契約[4]については，原則として，たとえ外国法が契約準拠法として指定されていたとしても，消費者の選択により，当該契約の成立，効力および方式について，消費者の常居所地法の強行規定も適用されることになる（通則法11条１項，同条３項）。これにより，日本を常居所地とする消費者との間で締結した契約に関しては，日本法上の強行法規の適用を回避できないことになるため，たとえば日本法上の強行法規である消費者契約法８条により免責規定が無効とされたり，あるいは同法10条により消費者に一方的に不利な条項が無効とされるリスクを回避することができない可能性があることには留意する必要があろう。

4　消費者（個人（事業としてまたは事業のために契約の当事者となる場合におけるものを除く）をいう）と事業者（法人その他の社団または財団および事業としてまたは事業のために契約の当事者となる場合における個人をいう）との間で締結される契約（労働契約を除く）と定義されている（民訴法３条の４第１項）。

第3節

一般的不法行為（名誉毀損等）の管轄および準拠法

【ケース4】
　海外の事業者Aが運営する日本国内向けSNSサービスにおいて，BからCに対して，名誉毀損およびプライバシー侵害にあたる表現がなされた。Cは，A社に対して削除を要請しても，A社は何ら対応をしなかった。Cは，A社に対して，Bに関する情報開示を求めると共に，損害賠償請求をしたいが，日本国内で訴訟を提起することは可能か。また，準拠法はどうなるか。

1　管　轄

ケース4では，名誉毀損およびプライバシー侵害が問題となっており，まず，一般的不法行為に基づく請求の訴えの国際裁判管轄が問題となる。

不法行為に関する訴えについては，不法行為地が日本国内にあれば，日本国内での結果発生が通常予見できなかった場合を除き，日本で訴訟を提起することができる（民訴法３条の３第８号）。不法行為地には，加害行為地だけではなく，結果発生地も含むと解されている[5]。

ケース４では，日本国内向けに提供しているSNSサービスにおける名誉毀損およびプライバシー侵害であり，日本国内において当該表現を閲覧可能にしたといえるから，結果発生地を日本と見て，日本国内の裁判所，具体的には不法行為により人格権が侵害された本人であるＣの住所地を管轄する裁判所に管轄が認められると考えられる。

5　伊藤眞『民事訴訟法（第４版補訂版）』（有斐閣，2014年）50頁～51頁。

この点，インターネット上のプレスリリース（英語のウェブサイトに英語で書かれたもの）によって名誉および信用が毀損されたとして，日本法人が米国ネバダ州法人を相手取り，日本の裁判所で損害賠償請求訴訟を提起した事件の最高裁判例[6]は，被上告人がプレスリリースをインターネット上で公表し，当該プレスリリースを日本国内でも閲覧可能な状態としたことに照らして，名誉および信用毀損の結果発生地が日本にあると認めた原審の判断を是認している。

なお，民訴法３条の９は，日本の裁判所が国際裁判管轄を有する場合であっても，「事案の性質，応訴による被告の負担の程度，証拠の所在地その他の事情を考慮して，日本の裁判所が審理及び裁判をすることが当事者間の衡平を害し，又は適正かつ迅速な審理の実現を妨げることとなる特別の事情があると認めるとき」には訴えを却下できる旨を規定している。上記最高裁判例も，結果発生地が日本であり管轄があることを認めながら，すでに米国で事実関係や法律上の争点について共通または関連する点が多い訴訟が係属しており，証拠が米国に偏在していること等に照らし，日本の裁判管轄を否定した。他方，他国における訴訟がいまだ本案審理に至っておらず管轄等を争っている段階にあること，同訴訟につき本案判決がされてそれが確定することは不確実な状況にあり，同判決を相当の確実性をもって予測することはできないこと等から，他国における訴訟が係属していることをもって特段の事情にあたらないとした裁判例[7]もあり，他国における訴訟係属それだけでは「特別の事情」にはあたらないといえ，訴訟進行の程度，証拠の偏在，当事者の応訴負担といった個別具体的事情から，当事者間の衡平や適正かつ迅速な審理に反するものかどうかを具体的に主張立証する必要があると考えられる。

6　東京地判平25・10・21ウエストロー2013WLJPCA10218001（原審），東京高判平26・6・12ウエストロー2014WLJPCA06126008（控訴審），最判平28・3・10民集70巻3号846頁（上告審）。

7　東京地判平19・3・20判時1974号156頁。

2 準拠法

準拠法については，債務不履行類型と同様，管轄が決まれば，原則として，裁判管轄を有する裁判所が，当該裁判所が属する地（法廷地）の国際私法に基づき，どの国や地域の実体法を適用するか（準拠法）を決めることになり，日本の国際私法である，法の適用に関する通則法に基づき，どの国の実体法が適用されるかを決定する。

この点，一般的不法行為の準拠法について，通則法17条は，原則として「加害行為の結果が発生した地」（結果発生地）の法によるとし，例外的に，その地における結果の発生が通常予見することのできないものであったときは，「加害行為が行われた地」（加害行為地）の法によるとしている。加害行為の結果発生地とは，加害行為による直接の法益侵害の結果が現実に発生した地のことをいい，基本的には加害行為によって直接に侵害された権利が侵害発生時に所在した地を意味する[8]。

また，通則法19条は，「第17条の規定にかかわらず，他人の名誉又は信用を毀損する不法行為によって生ずる債権の成立及び効力は，被害者の常居所地法（被害者が法人その他の社団又は財団である場合にあっては，その主たる事業所の所在地の法）による。」と定めており，名誉毀損等の不法行為の準拠法についての特則を設けている。当該規定によれば，世界中どこからでもアクセス可能なソーシャルメディア上で名誉や信用を毀損するような書き込みがなされ，それが閲覧されたさまざまな国々でそれぞれ被害が発生したような場合であっても，そのことに基づいて差止めや損害賠償を請求する際には，被害者の住居所地法（被害者が法人その他の社団または財団である場合にはその主たる事業者の所在地の法）によることになる。

したがって，**ケース4**の場合，通則法19条により，被害者の住居所地法である日本法が準拠法となる。

8　小出邦夫編著『逐条解説　法の適用に関する通則法（増補版）』（商事法務，2014年）193頁。

第４節

著作権侵害の管轄および準拠法

【ケース５】

外国法人Ａ社が運営する日本語で案内が書かれている日本向けのサイト（本件サイト）において，投稿者Ｂによって，日本人Ｃの著作権を侵害する動画（本件投稿動画）が送信されていた（なお，Ａ社のサーバ（本件サーバ）は外国に設置されており，本件投稿動画は，ストリーミング[9]でのみ視聴可能である）。

そこで，Ｃは，Ｂに対し，著作権侵害に基づき損害賠償請求や差止請求を行いたいが，日本国内で訴訟を提起することは可能か。その場合には，日本法が準拠法となるか。

1　管　　轄

ケース５では，著作権侵害に基づく訴えの国際裁判管轄が問題となっている。

Ｂの住所または居所が日本国内にあるとき（民訴法３条の２第１項）や，差押え可能なＢの財産が日本国内にあるとき（同法３条の３第３号）には，日本の裁判所に管轄が認められる。

また，著作権侵害に基づく損害賠償請求および差止請求の性質は，民事訴訟法３条の３第８号の「不法行為に基づく訴え」と解されている[10]。

9　ストリーミングとは，ダウンロードに対置する方式であり，動画等のデータを受信して再生する際に，データを受信しながら同時に再生する方式をいう。これに対して，ダウンロードとは，動画等データ全体の受信を完了してから再生する方式をいう。

10　著作権侵害に基づく差止請求権は，独占的排他的な権利に基づく効力であるため，上述のとおり，不法行為地には，加害行為地だけではなく，結果発生地も含むと解されている。

しかし，国境をまたぐインターネットを通じた著作権侵害の場合，その加害行為地または結果発生地がどこかを判断するのは難しい。

インターネットを通じた著作物の配信は，概略，①送信者の端末からサーバへの送信（発信）→②サーバでの蓄積→③サーバから受信者の端末への送信（受信）→④受信者の端末での蓄積，というプロセスによって行われる。ストリーミング配信の場合には，④受信者の端末での蓄積は，キャッシュによる一時的な蓄積しかない。

ケース５では，Ｂが日本から本件投稿動画を本件サーバに送信した場合であれば，上記①の発信が日本で行われていることを捉えて，日本で著作権侵害が行われまたは侵害の結果が発生したと言い得るため，日本の管轄が認められる可能性が高いものと思われる。

他方，Ｂが外国から本件投稿動画を本件サーバに送信した場合には，上記①が日本で行われたとはいえず，また，上記②は外国で行われており，上記③④は日本で行われたと言い得るものの，日本では，③の受信は，著作物の利用行為ではなく，④の蓄積もキャッシュへの一時的な蓄積も利用行為といえるか疑義がある（スターデジオ事件[11]。少なくとも著作権侵害とはされていない（著作権法47条の８））ことから，日本における著作物の利用行為（侵害行為または侵害の結果の発生）がなく，日本の裁判所に管轄が認められないようにも思われる。

もっとも，裁判所は，個別具体的な事情を総合的に評価して管轄権を判断しているため，Ｂが外国から本件投稿動画を本件サーバに送信した場合でも，日本の管轄が認められる可能性がある。

たとえば，特許権侵害の事案であるが，「モータ事件[12]」が参考となる。同事件は，韓国企業Ｙがオンライン上で商品販売をしていたところ，日本企業Ｘが

不法行為ではないとも考えられるが，民事訴訟法３条の３第８号は，「不法行為に関する訴え」とされており，損害賠償に限定されていない。

11　東京地判平12・５・16判時1751号128頁。

12　知財高判平22・９・15判タ1340号265頁。

日本に向けた譲渡の申し出を行っているとして，Yを相手方として，特許権侵害訴訟を提起したという事案であるが，知財高裁は，「申し出の発信行為又はその受領という結果の発生が客観的事実関係として日本国内においてなされたか否か」によって判断するとしたうえ，Yの英語表記のウェブサイトでは製品の販売問合せとして日本を掲げ，販売本部として日本の拠点（東京都港区）の住所，電話，Fax番号が掲載されていること，日本語表記のウェブサイトでも製品を紹介するウェブページが存在し，Y製品の販売に係る問い合わせフォームを作成することが可能であること，Yの営業担当者が日本で営業活動を行っていること，Yの経営顧問がその肩書とYの会社名および日本の住所を日本語で表記した名刺を作成使用していること，対象物件の一部を搭載した製品が国内メーカーにより製造販売され，国内に流通している可能性が高いことといった諸般の事情を総合的に評価したうえで，日本の裁判所の管轄権を肯定した。

また，欠席判決の事件ではあるものの，韓国法人がテレビ放送のデジタルデータをサーバに保存し，日本の利用者（在日韓国人）にセットトップボックスを提供し，当該利用者によるセットトップボックスの操作に応じて当該デジタルデータを送信して当該利用者に視聴させたという事案において，裁判所は，「本件サービスは日本に在住する韓国人に向けられたサービスであり，Yによる「不法行為があった地」の少なくとも一部は日本国内にあると認められるから，本件につき我が国は国際裁判管轄を有する」と判示した裁判例がある[13]。

ケース5では，本件サイトがすべて日本語で案内が書かれている日本人向けのサイトであることや，本件投稿動画の受信は日本で行われていることなどを総合的に判断して，Bが外国から本件投稿動画を本件サーバに送信した場合であっても，裁判所が管轄を認める可能性はあるように思われる。

13　東京地判平26・7・16裁判所HP〔平成25年（ワ）23363号〕。

2 準拠法

仮に**ケース５**で日本の管轄権が認められる場合には，準拠法が問題となる。

著作権侵害に基づく請求の準拠法については，著作権侵害に基づく損害賠償請求と差止請求権とで分けて考えるのが一般的である。

(1) 著作権侵害に基づく損害賠償請求

まず，通則法には知的財産権侵害についての直接的な規定がないため，著作権侵害に基づく損害賠償請求は通則法の何条が適用されるのかが問題となる。

著作権侵害に基づく損害賠償請求の性質は，不法行為に基づく請求であると解されるため[14]，不法行為によって生じる債権の成立および効力を定めた通則法17条が適用される。同条によれば，加害行為の結果発生地が日本であれば，日本法が適用されることになる。

しかし，上述のとおり，国境をまたぐインターネットを通じた著作権侵害の場合，その加害行為地がどこかを判断するのは難しい。

上述のとおり，インターネットを通じた著作物の配信は，上記1の①～④のプロセスによって行われる。ストリーミング配信の場合には，④受信者の端末での蓄積は，キャッシュによる一時的な蓄積しかない。

ケース５では，Ｂが日本から本件投稿動画を本件サーバに送信した場合であれば，上記①の発信が日本で行われていることを捉えて，日本で著作権侵害が行われたと言い得るため，加害行為地は日本であると言い得る。

他方，Ｂが外国から本件投稿動画を本件サーバに送信した場合には，上記①の発信が日本で行われたとは言えず，また，上記②は外国で行われており，上記③④は日本で行われたと言い得るものの，日本では，③の受信は著作物の利用行為ではなく，④の蓄積もキャッシュへの一時的な蓄積も利用行為といえるか疑義があることから，仮に**ケース５**で日本の管轄権が認められたとしても，日本における著作物の利用行為（侵害行為）がなく，外国の著作権法が準拠法

14　前掲注10参照。

となるように思われる。

もっとも，通則法20条は，明らかに同法17条の規定により適用すべき法の属する地よりも密接な関係がある他の地があるときは，当該他の地の法による旨を定めているところ，**ケース５**では，本件サイトがすべて日本語で案内が書かれている日本人向けのサイトであることや，本件投稿動画の受信は日本で行われていることなどを総合的に判断して，日本の著作権法が準拠法となる可能性はある。

⑵　著作権侵害に基づく差止請求

一方，著作権侵害に基づく差止請求の準拠法については，多くの裁判例[15]は，通則法17条ではなく，ベルヌ条約５条⑵に根拠を求めている。

日本が加盟しているベルヌ条約５条⑵第３文は，「保護の範囲及び著作者の権利を保全するため著作者に保障される救済の方法は，この条約の規定によるほか，専ら，保護が要求される同盟国の法令の定めるところによる。」と規定している。そして，たとえば，北朝鮮映画事件の知財高裁判決[16]は，この規定は，著作権や著作者人格権の「保護の範囲」および「著作者の権利を保全するため著作者に保障される救済の方法」という法律関係について，「保護が要求される同盟国の法令の定めるところによる」との準拠法を定めた規定であるとしたうえ，著作権等の侵害を理由とする差止請求権は，ここでいう「著作者の権利を保全するため著作者に保障される救済の方法」であると性質決定できると判示している。

「保護が要求される同盟国の法令」とは，著作物が利用される国の法令を意味するが，　国境をまたぐインターネットを通じた著作権侵害の場合，著作物の利用行為地はどこかが問題となる。

上述のとおり，インターネットを通じた著作物の配信は，上記1の①～④のプロセスによって行われる。ストリーミング配信の場合には，④受信者の端末での蓄積は，キャッシュによる一時的な蓄積しかない。

15　知財高判平20・12・24裁判所HP〔平成20年（ネ）10011号等〕〔北朝鮮映画事件・第２審〕，東京地判平16・5・31判時1936号140頁〔XO醤男と杏仁女事件〕等。

16　前掲注15・知財高判平20・12・24，東京地判平16・５・31等。

ケース５では，Ｂが日本から本件投稿動画を本件サーバに送信した場合であれば，上記①が日本で行われたといい得るため，当該発信行為を捉えて，利用行為地は日本であると言い得る。

他方，Ｂが外国から本件投稿動画を本件サーバに送信した場合には，上記①が日本で行われたとはいえず，また，上記②は外国で行われており，上記③④は日本で行われたと言い得るものの，日本では，③の受信は著作物の利用行為ではなく，④の蓄積もキャッシュへの一時的な蓄積も利用行為といえるか疑義があることから，仮に**ケース５**で日本の管轄権が認められたとしても，日本における著作物の利用行為がなく，外国の著作権法が準拠法となるように思われる。

なお，この場合に問題となるのは，当該外国が著作権の保護が不十分な国（コピーライト・ヘイブン）の場合である。この場合には，当該国の法律を準拠法とすると，著作権侵害とはならないという不合理な結果となる。これが問題となった前例はないものの，裁判所が，日本の管轄権を認めるのであれば，本件サイトがすべて日本語で案内が書かれている日本人向けのサイトであることや，本件投稿動画の受信は日本で行われていることなどを総合的に判断して，日本の著作権法を準拠法とする可能性はある。もっとも，その場合であっても，差止めの強制執行が担保できるかという問題は残ることになろう。

第5節

商標権侵害の管轄および準拠法

【ケース6】
　日本語のページが用意されている外国のソフトウェア販売サイトにおいて，企業Aの違法コピー・ソフトウェアが，オリジナルのソフトウェアの登録商標と同一の標章を表示して広告されていた場合に，日本国内において，商標権侵害に基づく差止・損害賠償請求訴訟を提起できるか。また，その場合には日本法が準拠法となるか。

1　管　　轄

ケース6では，商標権侵害に基づく訴えの国際裁判管轄が問題となっている。

一般に，商標権等の知的財産権は，権利が成立した国内においてのみ効力を有するとされている（属地主義の原則）が，インターネット上では，日本国内にサーバーが存在しなくても，日本国内の需要者に対して，他人の商標を使用して商品の販売や役務の提供を行うことができる。そのため，どのような場合に国際裁判管轄が認められるかが問題となる。

この点，日本国内にサーバーが存在しない場合であっても，侵害者が日本に住所等を有する自然人である場合や日本の法人等である場合には，日本の裁判所に国際裁判管轄が肯定される（民訴法３条の２第１項・３項）。

また，侵害者が外国の法人等である場合であっても，日本国内に主たる事務所や営業所が存在する場合には，日本の裁判所の国際裁判管轄が肯定される（同条３項）。

上記のいずれでもない場合であっても，商標権侵害に基づく訴えについては，不法行為に関する訴えに含まれると解されているところ，不法行為地には結果（損害）発生地を含むから，ウェブサイトでの商標使用行為が日本国内での使用といえるのであれば，日本の裁判所の国際裁判管轄が肯定される（同法3条の3第8号）。

ケース6では，日本国内の需要者に対応するためと考えられる日本語のページが用意されていることから，日本国内の需要者に対する商標の使用等といえ，日本の裁判所において商標権侵害に基づく請求が認められる可能性が高いものと考えられる。

2　準拠法

商標権の侵害に基づく請求については，著作権と同様，損害賠償請求と差止請求が考えられるので，両者を分けて検討する必要がある。

まず，商標権侵害に基づく損害賠償請求については，不法行為に基づく請求と考えられるところ，通則法17条に基づき，結果発生地が準拠法になる。したがって，ウェブサイトでの商標使用行為が日本国内での使用といえるのであれば，日本国内において権利侵害という結果が発生したものということができ，日本法が準拠法となると考えられる。

次に，商標権侵害に基づく差止請求については，通則法等には直接の規定がない。しかし，カードリーダー事件最高裁判決[17]などの特許権侵害に関する裁判例を商標権侵害にも当てはめるとすれば，当該商標権と最も密接な関係がある国である当該商標権が登録された日本の法律が準拠法となると考えられる。

17　最判平14・9・26民集56巻7号1551頁。

事項索引

英数

あ行

か行

さ行

た行

な行

は行

ま行

や行

ら行

わ行

判例索引

【最高裁判所】

【高等裁判所】

【地方裁判所】

【米国連邦最高裁判所】

《著者紹介》

上村　哲史（かみむら　てつし）

〔略　歴〕

平成11年　早稲田大学法学部卒業

平成13年　早稲田大学大学院法学研究科修士課程修了

平成14年　弁護士登録（第二東京弁護士会）

平成16年　早稲田大学法科大学院アカデミックアドバイザー（～平成21年３月）

平成17年　青山学院大学知的資産連携機構著作権権利処理・啓発推進専門委員会委員

平成19年　東京理科大学専門職大学院知的財産戦略専攻（MIP）非常勤講師　「著作権法」（～2008年３月）

平成22年　立教大学法学部非常勤講師「知的財産法」（～2011年３月）

平成23年　早稲田大学大学院法務研究科非常勤講師「著作権等紛争処理法」

〔主要著書〕

『情報・コンテンツの公正利用の実務』（青林書院，2016年，共著）

『企業の情報管理─適正な対応と実務』（労務行政，2016年，共著）

『消費者取引の法務』（商事法務，2015年，共著）等

山内　洋嗣（やまうち　ひろし）

〔略　歴〕

平成16年　東京大学法学部卒業

平成17年　司法試験合格

平成18年　慶應義塾大学法科大学院修了（J.D.）

平成19年　弁護士登録，森・濱田松本法律事務所入所

平成26年　University of Virginia School of Law卒業（LL.M.）

平成26年　ニューヨーク州弁護士試験合格

平成26年　Kirkland & Ellis LLP（Chicago Office）

平成27年　森・濱田松本法律事務所復帰

〔主要著書・論文〕

『管理者のためのコンプライアンス（改訂第５版）』（全国地方銀行協会，2014年，共著）

「事業会社のグループ企業に対する金融支援」金融・商事判例増刊1411号

『EU法　実務篇』（岩波書店，2008年，共著）等

上田　雅大（うえだ　まさひろ）

〔略　歴〕

平成21年　神戸大学法学部法律学科卒業

平成22年　弁護士登録（第二東京弁護士会）

平成28年　厚生労働省労働基準局（任期付公務員）

〔主要著書〕

『実践　就業規則見直しマニュアル』（労務行政，2014年，共著）

『インターネット消費者相談Q&A（第４版）』（民事法研究会，2014年，共著）

『震災法務Q&A　企業対応の実務』（金融財政事情研究会，2011年，共著）等

企業訴訟実務問題シリーズ
インターネット訴訟

2017年３月20日　第１版第１刷発行

編　者　森・濱田松本
　　　　法律事務所
　　　　上　村　哲　史
著　者　山　内　洋　嗣
　　　　上　田　雅　大
発行者　山　本　　　継
発行所　㈱　中　央　経　済　社
発売元　㈱中央経済グループ
　　　　パ ブ リ ッ シ ン グ
〒101-0051　東京都千代田区神田神保町1-31-2
電話　03（3293）3371（編集代表）
03（3293）3381（営業代表）
http://www.chuokeizai.co.jp/
印刷／昭和情報プロセス㈱
製本／㈱関川製本所

＊頁の「欠落」や「順序違い」などがありましたらお取り替えいたしますので発売元までご送付ください。（送料小社負担）

ISBN978-4-502-21241-3　C3332